职场上的竞争，
往往不是单纯技能的竞争，
而是靠格局决定最终胜负。

薪水是假的，竞争力才是真的

——提升职场格局的九种方法

利津
狄骧
著

南方出版传媒
广东经济出版社
—广州—

图书在版编目（CIP）数据

薪水是假的，竞争力才是真的 / 利津，狄骧著. —广州：广东经济出版社，2017.7
ISBN 978 -7 -5454 -5398 -0

Ⅰ. ①薪… Ⅱ. ①利… ②狄… Ⅲ. ①成功心理－通俗读物 Ⅳ. ①B484.4 -49

中国版本图书馆 CIP 数据核字（2017）第 084168 号

版权登记号：19 -2016 -232

出 版 人：姚丹林
责任编辑：张晶晶
责任技编：谢 莹
封面设计：李尘工作室
封面插画：陈绪寒

《薪水是假的，竞争力才是真的》
XINSHUI SHI JIADE，JINGZHENGLI CAISHI ZHENDE
利津 狄骧 著

出版发行	广东经济出版社（广州市环市东路水荫路 11 号 11 ~ 12 楼）
经销	全国新华书店
印刷	佛山市浩文彩色印刷有限公司 （广东省佛山市南海区狮山科技工业园 A 区）
开本	889 毫米 ×1194 毫米 1/32
印张	6.5
字数	120 000 字
版次	2017 年 7 月第 1 版
印次	2017 年 7 月第 1 次
印数	1 ~5 000
书号	ISBN 978 -7 -5454 -5398 -0
定价	39.80 元

如发现印装质量问题，影响阅读，请与承印厂联系调换。
发行部地址：广州市环市东路水荫路 11 号 11 楼
电话：（020）38306055 37601950 邮政编码：510075
邮购地址：广州市环市东路水荫路 11 号 11 楼
电话：（020）37601980 营销网址：http://www.gebook.com
广东经济出版社新浪官方微博：http://e.weibo.com/gebook
广东经济出版社常年法律顾问：何剑桥律师

作者序 PREFACE

薪水是假的，千万别手无寸铁上战场

日前，我朋友的电子公司招募新业务员，有一名新人，大学刚毕业，他的学历条件与面试表现都很不错，因此在20多个应征人选中脱颖而出，第一顺位被录取。

新人报到的第一天，人事部安排他填写人事数据，带他认识环境；下午的半天时间，部门主管则为他介绍产品及市场概况，还请几位前辈和他开会，让他可以尽快进入状况。

没想到，第二天这个新人不但没来上班，人事部打电话也联络不到他，这位主管眼中彬彬有礼又优秀的新人，就这样不告而别，人间蒸发了。

由于他尚未完成薪资开户手续，又没有提出请假或离职声明，只留下一堆错愕与问号给公司，主管也只能自认倒霉，继续找新人。

然而，更让人大跌眼镜的是，两星期后，这位新人突然来电，请会计把他来公司第一天的薪水，汇到他的账户，他留下了账号后，也没多说就挂了电话。

主管听会计转述，气得要新人来公司说明缘由，并办妥离职手续，才给薪水。过几天，会计又回报，说新人呛声如果公司不给薪水，就要去劳工局检举，让公司留下不良纪录。

这下子，不只是主管生气，连工读生和扫地的阿姨听了，也破口大骂这个新人实在是脑袋坏掉了。

后来主管实在没空和他计较，还是请公司支付给他700多元的日薪。

我朋友说，薪水是小事，倒是这个年轻人的处事方式，令他们摇头大叹，最后朋友唯一能做的是，转告同业要提防这名“薪水蟑螂”。

表面上，这个年轻人如愿拿到了一日薪水，似乎占了上风，但可悲的是，他却不知道自己为了这700多元，就被列入业界黑名单。

当他沾沾自喜偷到不该得的利益，却付出看不见的代价，这之间的得失，恐怕他一辈子都搞不清楚，自己失去的东西有多重要。

其实，职场上也有很多这类自我感觉良好的人，没有看清竞争力的重要性，所作所为都在剥夺自己的生存力，这种自杀式的行为，根本是躺在高铁铁轨上睡觉，还梦到中乐透不想醒来。

某位企业家曾说："人生的竞争，是观念的竞争。"的确，职场上的竞争往往不是单纯技能的竞争，而是靠观念、心态决定最终胜负。

不管是月领22K（K指"千"的意思，22K，即指22000新台币）的新鲜人，还是月领100K的高级主管，都没有人可以逃过竞争的问题。

更残酷的是，无论你的专业能力和技术表现多么优异，也不代表你能安然地往上爬，一旦你缺乏某种竞争力，你手上的薪水、福利、位阶、成就等，随时都可能像"死于非命"般，在一夕之间化为乌有。

曾经就有某个业界的业绩常胜将军，他不但帮公司从营运谷底起死回生，还屡次拿到国际营销大奖，却由于用人不当，被自己的部属设局，最后被迫离开自己辛苦建立的王国。

他责怪对方无情无义，又后悔自己遇人不淑，但是说穿了，这何尝不是因为竞争力不足，才导致失算而落败的下场。

所以说，具备“温良恭俭让”美德的你，想在职场出人头地，也必须修炼各种竞争力，只有靠竞争力往上爬，才能得到你想要的一切。

有年轻朋友跟我说，他并不想往上爬，只想找一个窝蹲着，安稳地领一份普通的薪水就好，我只能残酷地告诉他：“别傻了！”

职场上，薪水是假的，只有竞争力才是真的。

事实上，身为白领的你，如果没有杀敌求胜的竞争力，顶多只是个混在团体中、求个温饱的庸才小兵，一旦大环境如强敌压境，你能做的就是弃甲逃命，流落到世界的角落苟活求生。

话说回来，如果这种庸才苟活的人生是你要的，我也没话可说。

所幸的是，我常听到许多年轻白领，跟我呛声他们的能力和格局，绝不输任何人；不幸的是，这些对我夸口放声的年轻人，也常常私下怨叹，为什么他的能力和努力不比人少，收入和职位却一直在底层打转，无法往上攻顶。

这让我想起一个故事：

某天，两只饿狼走到了一片草地，A 狼看着空无一物的草地垂头丧气，B 狼却面露喜色。

A 狼问："你又不吃草，高兴什么呢？"

B 狼说："羊爱吃草啊！"接着便飞奔离开。

A 狼看着 B 狼的身影追问："那你要去哪里？"

B 狼说："我要把这个消息让羊知道。"

职场上，人人都是饿狼，但最大的区别，不在于视力上的好坏，而在于格局的差距。

没有竞争力的人，总是无法看穿自己的压力、委屈、恐惧和欲望等情绪，也就无法站在正确的位置上，为自己成功布局，如此一来，早晚要被市场淘汰。

职场，对有抱负和目标的人来说，是战场；对想混日子的庸才，却是牛圈，只图个温饱。

如果你也是把职场当战场的人，那么，没有竞争力的你，就等于是手无寸铁去和全副武装的敌人对战，摆明就是送死。

同样的道理，当你在战场上厮杀时，心中仍只想着薪水，那么，你就注定要成为强敌的炮灰。

如果你想安然从战场上存活下来，甚至杀敌得胜，你最好认清一个事实：薪水是假的，竞争力才是真的。

除非你想成为炮灰，否则，千万别手无寸铁上战场。

目 录 CONTENTS

第一种竞争力

开阔自我生活圈外的视野

01. 别让你的眼睛，局限了你的视野

大部分的人，在30岁前，都会因为鬼遮眼而看不清楚未来。

这世界每一分钟都在改变，未来我们面临的竞争舞台，已经不是我们肉眼能看见的世界。

我有个朋友，忧心忡忡地跟我提起他20多岁的儿子，说儿子每天下班回家，就关在房间里打在线游戏、看动漫，社会上发生什么事，他一概不管，简直是个不折不扣的“宅男”。

朋友很担心儿子再这样下去，以后怎么出去跟人家竞争。

事实上，像这样把眼睛“关起来”的年轻人还真不少。即使有网络如此无远弗届的工具，也只是拿它来看朋友的脸书动态，或是在线聊天打屁，要不就是每天打开电视，看重复的八卦新闻，丝毫没有国际观和对未来

的危机感。

这样的人，他们的视野，大概也只有三平方米房间的大小。

相对地，那些在硅谷创业的成功人士，都是在大学时，就打开了超凡的眼界。他们内心看见的，不是眼前的生活享受或打工赚了多少钱，而是想要改变世界的宏观视野。

很明显地，一个人的视野大小，决定了他的竞争力高低，也决定了他未来的发言权和存在价值。

不幸的是，很多20多岁的年轻人，不只眼界不够宽，看得不够远，心胸更是狭小。

这样的人，常常犯一种“近视眼”的毛病，凡事只看到眼前利益，却看不见事件背后的因果关系。

例如，我朋友那个令他头痛的“宅男”儿子，某天一副臭脸下班回家，朋友问他是不是受了什么委屈。

他儿子愤愤不平地说：“今天主管叫我多留一小时，帮部门解决一个计算机程序问题，我问他有没有加班费，没有还叫我加班，根本就是压榨！”

朋友叹了口气劝他，主管找他帮忙，是因为他有这个能力，这是一个自我表现的好机会，年轻人多做一点儿，不会吃亏，反而对未来有帮助。

说实在的，月领25 K薪水的人，平均下来，一小时加班费能有多少。

但他的态度、贡献度，都是未来考核升迁的依据，如果为了计较这百来元，让主管把你归类为“私人企业里的公务员”，以后的损失将会更多。

如果你在进入职场后，不矫正这种近视症状的话，机会出现了，也会因为看不清未来，把机会当麻烦，注定一生只能被人踩在脚下，沦为M型穷人。

此外，进入职场的黄金10年，是最能够多方尝试的时期，这时候多看多听，累积下来的，全是将来跟人竞争的本钱，否则等过了这个黄金时期以后，才想要去尝试闯荡，现实社会已经不给你机会了。

我有一个中年失业的高中同学，大学毕业后就待在同一家公司，从来没有换过工作，当年他大学毕业就已经拿到35 K，比起其他人实在优渥很多。

可惜的是，他没有足够大的视野，看清他所处的产业，已经是下坡产业，10多年后，他的公司就撑不下去，关门了。

这时，被遣散的他，因为所累积的经验，很难应用在其他产业，他又不想从基层做起，和年轻人拼，只好学做小生意重新开始。

遗憾的是，他又没有做生意的经验，又没有创业的眼光，看人家流行什么就跟着投资，当这些生意退烧后，他的老本也跟着烧光了，如今只能靠打零工的时薪度日。

他会有这种下场，就是年轻时没有“看见”环境趋势的变化，等到以后才想要多看多听，却已经没有尝试错误的本钱了。

10年后或20年后，你想要过哪一种生活，就要看你现在有没有被鬼遮眼。

平庸的人用肉眼看世界，有智慧的人用头脑看未来，犹如同样一颗水晶球，有人只看见球，有人却能看到未来。

真正可以保障你，在未来不会被淘汰的，不是拥有专属的个人办公室，或是固定不变的薪水和劳退金，而是更开阔和远大的视野。

从现在起，不妨每天试着练习，别再用你的“肉眼”，去看自己和整个世界。即使你没有近视，也别让你生物层次上的眼睛，局限了你意识上的视野。

02. 你的办公室只是世界的一个小角落

有一次，我的部属跟我聊起他的一个同学，毕业后在中部一家鞋厂工作，一路晋升得很快，30岁不到，已经升到副总，管理中国台湾地区80多个经销点，还买了一台名车代步。

“虽然他们工厂在稻田中间，但他的个人办公室好大，没想到他这么快就变成所谓的成功人士了。”

我听了只是笑笑对他说，如果他就此认定这位同学，已经到达事业的高点，这样的视野未免太小，甚至有点儿危险。

果不其然，几年后，他那位同学在稻田中的50平方米的办公室，已经被铲平了。他们鞋厂因为无法和跨国集团竞争，接不到订单，关门大吉，还要变卖土地才能还清债务。

我见过很多在虚荣头衔下，安逸地坐在豪华办公室里，却不理会外面环境变化的人，长久下来他们的竞争力只会一天天萎缩。

当地有一家经营塑料制造的工厂，由于老板把眼光放在研发核心技术，而不只是组装代工这种微利生意上。多年后，靠着这项领先世界的新技术，被美商科技集团以近300亿新台币（1新台币=0.229人民币元）收购。

现在，这位老板带领着团队，与鸿海瓜分苹果手机的订单，而这家塑料工厂，正是位于台中的麦田间。

我要说的是，竞争力和办公室大小无关，也和地域在彰化还是台北无关，而是跟一个人的视野有关。

举凡每一家公司的办公室结构和部门都大同小异，但为何产出的市值会如此不同？一样都是软件研发部门，何以有的可以上市，有的却濒临倒闭？

想要拥有竞争力的你，应该要用脑去比较，也应该觉知到自己的不足。

有一天我在电影院排队取票时，听到前面两个年轻人的对话，其中一位说：“有个跟我一样职位但不同公司的朋友，下个月就要被派去德国分公司了。由于是外派，薪水待遇和头衔也往上调整一级。说真的，都是软件设计师，他实在是太好运了。我老板不但不帮我加薪，还天天找我麻烦。”

我想，这位年轻人只是用利益去看事情，却没有用脑去看，所以看不到自己的不足。

据说，当年哥伦布带领的西班牙舰队来到美洲海岸时，美洲原住民“看不见”这支舰队，明明就在眼前，但对原住民来说，这些舰队竟然是隐形的。

依照心理学的解释，原住民因为从来没见过舰队这种东西，无法和他们大脑中的“数据库”比对，所以才“没看见”。

只会用利益看事情的人，就跟当时的原住民一样，看不见更高层次的东西。懂得用脑去看，你的视野才能往上提升。若能懂得用心去看，你能看到的就不只是舰队，而是整个王国。

王品集团训练员工的方式，就是教员工要懂得用心去看。连鞠躬的角度、餐具的摆法，都要做到打动消费者的心，才能成功打造餐饮王国。

而身为上班族，你更该学会的是，尽早跨出办公室隔间，用脑、用心去看看外面的世界。

有一回，我朋友公司组了一个代表团去瑞士看展览，才过了几个钟头，其中一个年轻业务员就不见了人影。其他人在展览结束后走出大门，看到这位少爷早就优哉游哉地跷腿坐在花园喝咖啡。

有个同事问他怎么提早出来了，他说："跟我业务无关的，我想不需要看了，而且走得腿好酸，早点出来，免得结束时人挤人啊！"听到这样的回答，我朋友只能报以苦笑。

当时，这个年轻业务员由于提早离席，而错过了认识一些潜在客户的机会，其他同事则因交换名片，换到了几百万美元的订单，开始跨国出差旅行，而他依然只能蹲在原来的办公室小角落，继续喝他的咖啡。

没有用脑、用心去开阔视野，就算公司出钱让你走出办公室，还是看不到外面的世界，这是多可悲的一件事。

其实，只会守着办公室小隔间，而感到知足安逸的人，就跟守着五星级饭店厕所一样，比起车站厕所确实很豪华，但有没有想过试试去饭店大厅看看，或是去六星级饭店看看？否则，你的竞争力也会像守着饭店厕所的阿姨一样，一辈子走不出去。

03. 你过去所学所惯用的，不一定就是对的

我有个朋友跟我说，曾经有一位年轻女部属来跟他递辞呈，由于这位年轻女部属上面还有一个直属主管，这算是越级提报了，我朋友认为有必要深入了解原因，于是找她谈话。

她告诉我朋友，新来的主管总是推翻她们的企划案，要求改变简报方式，让她们工作量大增，比以前更忙碌。“我觉得他不了解我们公司文化，只是用新官上任的三把火来压我们。”她说道。

我朋友问她，所谓“我们公司文化”是指哪一部分，她愤愤不平地说：“就……就是我们长期以来习惯的工作模式，为什么他来我们就要改变？我没有办法跟他一起工作下去了。”

当我朋友了解原因之后，认为这件事情一点儿都不值得她离职，加上她虽然资历浅，但是很有潜力。于是

我朋友决定开导她，希望她不要太冲动。

我朋友告诉她，那位空降部队的主管是期待整个团队能有新作风，也许这位新主管激进了一点儿，让大家一时适应不了。

我朋友看她情绪稍微和缓了，接着又跟她说，她过去所学的理论，不一定能全部套用在现实工作，而她所惯用的那一套，也许没有错，但也并非最好的。比如企划案的写法，难道只能有一种？难道只有自己的才是对的，别人的都是错的？

后来，她接受了我朋友的劝告留下来，半年之后，她的考核便往上提升了一级。

这让我想起，我以前新到一家广告公司工作时，要交一个设计工作给年轻的设计人员，我给他一个设计概念方向，以便他可以发挥创意把图设计出来。

没想到这位年轻的设计人员跟我说，请我找好参考图给他，他才可以照着图做出来，否则他没办法接这工作。“我们这边都是这样做的。”他的口气和眼神好像在告诉我，我是个异类，怎么会不知道这个规矩。

我觉得事有蹊跷，便去请教其他“老”同事，一问才知道，原来，他的能力比较差，如果不用这种方式就无法完成工作，而别人也就只好这样配合他，久而久之，他竟然以为这是铜则铁律，不容别人置疑。而他的主管也告诉我，其实他已经被列入下一拨儿的裁员名单中了。

如果年纪轻轻的你，只会死守自己的“原则”，丧失变通的弹性，就像一潭死水，失去了进步的动力；如果你还以为用20多岁的这一套就能走遍天下，那么，你只能等着被推进职场的“屠宰场”“待宰”。

我年轻时工作过的公司，就有一位30多岁被称为大叔的业务员，他最让人记得的就是“万年表格”，每次做客户分析，他总是复制旧文件，把数据改一改就交差，没仔细看还以为是上一份报告。

这个习惯不但使他职位万年不变，也惹来同事们的异样眼光，大家都私下议论他，为什么可以这么安然度日？

果不其然，由于他习惯性偷懒，有一次竟把A客户的公司情报错误复制给了B客户，害公司同时失去了这两个客户，而他因为合约关系成为被告，不只丢了饭碗，还必须连带赔偿违反保密合约的巨额罚款。他顶着这个污名，被列入业界的黑名单，再也无法找到其他同业工作。

某个创业家曾说过：“经验值是让你拿来打破规则的。”你过去所学所惯用的经验，究竟是挡住你未来视野的巨石，还是帮你一把的推手，完全决定了你30岁以后的高度。

有位开公司的朋友跟我说，他年轻时待的公关公司流动率很高，同一个部门他就跟过三个主管，各有三种做法，让他疲于改变和适应。

但也因为这样，他学到了不同的工作方式，通过实际运作去检验、调整，自己再取长补短，最后这些都成了自己的资本。

下次，当你又陷入旧习惯的工作模式或企划案格式时，不妨试着想想，如果你现在是要给比尔 · 盖茨提案，你是否还会用相同的方式来完成工作。

不让习惯认知绑住工作方法，这不仅是开阔视野的一种态度，更是帮助你30岁以后不被淘汰的炼金术。

04. 视野越大，竞争力就越强的秘密

我记得某一年，就在农历年假期的前一天，公司客户突然有一个紧急事件要处理。当时负责此项目的部属却跟我说，他的旅行计划都安排好了，无法配合加班。

如此一来，我只好借调另一组的项目人员支持，由于事态紧急，我们只有一天半的工作时间可以运用。

没想到当天下午我把任务交给这位支持人员，第二天早上，他就提报给我七种解决方案，不但工作态度谦和且充满热忱，而且每个方案都是水平之上。

这让我相当感慨，其实那位原本负责项目的部属，若以他平时的实力，在同样的工作时间内，根本拿不出质量相等的表现。

这两位部属都是年近30岁的年轻成员，年资差不多，但为什么展现出来的竞争力相差甚远？答案就在视野大小的不同。

具备宏观视野的人，在面对问题时，不只能以开放的心胸接受挑战，也由于眼界够宽广，更懂得搜集资源与判断优劣，对自己的标准也会提高，自然就能给上司或客户更多选择，所展现的竞争力当然就越强。

此外，视野层次的提升，除了能让你增加手上的武器，以取得竞争优势，一旦办公室丛林的危险来临，还可以帮助你全身而退。

有一位朋友跟我说，他年轻时遇到了一次办公室里的政治斗争，但因为他当时“太浅了”，没有看清楚背后的角力关系，冲动地选边站，还到处为这位副总打抱不平。结果他以为正义的这一方，其实也只不过是为了生存，而表现出来的正义假象。

后来，这位副总被斗垮扫地出门后，我朋友在这家公司也待不下去了，只好黯然离职。

这些年来，我也见过很多年轻人，因为没用头脑看事情，遇到一点儿危机，就像初入丛林的小白兔，总是沉不住气地冲动；更严重的，则无辜沦为牺牲品，走不出办公室的安全门。

如果你能看透老板、同事的心思，看懂整个棋局，就算你是别人手中的一颗棋子，也知道如何趋利避害，在办公室的饥饿游戏中，维护自己的生存权，延长你在公司的生命周期。

总而言之，视野越大，竞争力就越强的秘密，就像平凡人只看见一棵树，有竞争力的人不但能看见一片树林，还能比别人快一步，占领这片树林。

几年前，当惠普计算机选择到祖国大陆重庆设厂时，郭台铭因为看准了惠普订单的未来潜力，迅速决定在客户公司的隔壁买地设厂，大幅缩短往来沟通距离。

甚至当自己的厂房还在大兴土木时，郭台铭不只抢先租下隔壁新厂房，替惠普招募新员工，还让富士康的员工，直接进驻惠普厂房工作，绑住与客户的合作关系。

这样的高视野与高效率，让竞争对手连想加入战局都措手不及。

在职场生态圈里也一样，若你不想沦为M型底层的人，就必须培养宏观的视野，如同老鹰视网膜效应般，翱翔高空时，一旦看准猎物，便能以快狠准的姿态，称霸食物链顶端。

很多人都是在跌过很多次跤、擦过无数次眼泪的30岁以后，才懂得要开阔视野这个道理。

事实上，视野大小是可以像业务绩效般，设定评量实现目标的。例如，你能给上司或客户多少解决方案以完成任务、你能帮助团队寻找多少资源、你能从多少个方面去分析洞察事物……这些训练都能帮助你培养大视野。

现在有很多年轻的国际创业家，因为拥有鹰眼般的超级眼力，能在广大市场中，看见缝隙，找到商机，颠覆了巨人集团所建构的市场模式，而创造了自己的生存价值，在30岁时就站上了世界舞台。

而尚在20多岁阶段的你，如果也能趁早扩展视野，强大自己的生物链竞争力，无论从事什么工作，你的含金量肯定比别人高。

不然，可千万别像只秃鹫，吃别人剩下的腐尸烂肉，还津津有味。

第二种竞争力

吞下更多委屈和压力的格局

05. 谁能吞下更多委屈，谁就拥有话语权

我有一个表妹在外商公司担任秘书，有一回，她老板因为自己记错会议时间，结果到客户那里扑了个空。

老板负气回到公司，当众对我表妹大发雷霆。我表妹认为她明明有给老板行程表，是他自己记错了，觉得受了委屈，忍不住也动怒和老板对质起来，还脱口说出："你每次都这样。"

这下好了，本来是个小误会，却演变成算总账，老板没有台阶下，当场拍桌子不欢而散。

后来，虽然老板找她喝咖啡和解，也互相道了歉，但自此以后，老板与她的互动再也不像以前那般亲切热络，我表妹也越做越不快乐，便来找我诉苦。

我告诉她，因为她不想承受委屈，当下急着想替自己说话，但事实上，她正在失去她的发言权，反而让自己陷入危机。

相反，如果当时她能沉住气，给老板台阶下，等情绪过后，再以平和的方式让老板知道事情原委，并且日后更积极地按时做提醒，老板会对她另眼相看，一定更加重视她的意见。

经历过这一回，我表妹完全能理解我所说的，这次经验算是给她上了一堂课。

其实，这只是个小例子，因为职场上会碰到的委屈，实在是多不胜数，但我想告诉你的是，谁能吞下更多委屈，谁就拥有话语权。

名厨阿基师十几岁就开始学徒生涯，苦熬了30年才出头，他曾在接受访问时说道："忍受委屈可以让人更成熟，对事情的判断更淡定。"

而每次能吞下委屈的那份淡定与成熟，皆是涵养自己气度更大的养分。有朝一日必须面对更大场面的挑战，你也才能够顶得住。

当你的格局打开以后，便能承担比别人更重要的任务，上司对你的信赖度提高，你所说的话也将更有分量。

在20世纪80年代，乔布斯成功开发了麦金塔计算机，却因为董事会的斗争被踢出苹果公司，他带着这份屈辱另创了NeXT软件公司与皮克斯（Pixar）动画公司。

结果迪士尼收购了皮克斯，他不仅成为迪士尼最大的个人股东，后来也重返苹果公司，开启另一波事业巅峰。

当年吞下的那份委屈，使乔布斯拥有更大的舞台，也为自己争取到了更多的话语权。

请记住，遭受委屈时，通常伴随着一股动力，但是这种想证明自己的动力，并非像八点档乡土剧那种低下的反击复仇。

南非民族斗士曼德拉，因为反对白人种族隔离政策而入狱。他被关在大西洋的一座荒凉的小岛上，即使已届高龄，他在狱中仍然遭受严酷的劳役与虐待。

然而，由于他所遭受的极大委屈，让国际社会不断为他发声，曼德拉终于在27年后被释放，更荣获了诺贝尔和平奖，并且成为南非历史上第一位黑人总统。

在总统就职典礼上，曼德拉竟然邀请当年看守他的三名狱卒观礼，他说，那段牢狱岁月使他学会控制情绪，也学会处理苦难带来的痛苦。并在众目睽睽之下，起立表达对这三名狱卒的敬意。

这项举动，令在场及全世界的人肃然起敬，不仅让虐待他多年的南非白人无地自容，更展现了曼德拉非凡的气度和格局。谁拥有话语权，不言而喻。

面对委屈时，你真的无须太在意旁人的眼光，只要记得，永远对自己负责。

阿里巴巴创办人马云说："男人的胸怀是委屈撑大的。"人生在世，注定要受许多委屈，面对各种委屈时，你要学会一笑置之，你要学会超然待之，你更要学会转化势能。

事实上，这个道理对男女都适用，尤其是刚进入职场的年轻人，如果能及早悟透它，在职场上，就越能突显自己的重要性。

你的气度和格局，将在老板眼中占领一席之地，让老板不得不挺你，这就是竞争力。

当委屈来临时，你要么把自己桎梏在愤恨不平的牢狱里，要么拥有话语权，你现在应该已经懂得如何选择了。

06.当你的目标越大，你的度量就越大

有一次，我在餐厅吃饭，隔壁桌坐了一对夫妻和两个10岁左右的小孩，妹妹吵着要拿哥哥抽奖领到的玩具手表，这是幸运得来的礼物，哥哥自然是不肯给，两人因而争吵不休。

这时，爸爸对儿子说："小翔乖，这块手表先让给妹妹，等你下次月考第一名，爸爸再买钢铁人模型给你。"

儿子听到这话眼睛一亮，显然钢铁人更是他梦寐以求的礼物。于是，这个小哥哥就大方地把玩具手表让给了妹妹。

我想，这位爸爸是把儿子的"目标"变大了，而为了达成更大目标的欲望，也撑大了儿子的度量，才化解了这场家庭纠纷。

谈到度量，很多人以为那是在讨论领导力时，身为

老板或部门领导者才应该具备的特质。

但事实上，许多年轻人，尤其是职场上的一线人员，也常常由于度量不够，而犯了职场大忌，自毁前程。

某位在物流业担任高级主管的朋友就跟我说，在她刚入行的前几年，有一次，主管把她叫到办公室密谈。

原来是另一位同事把某项工作搞砸了，客户讲明不要再看到那位同事。主管表示，那位同事是大老板的小姨子，实在动不了她，而且目前也没有预算可以增加人手。

主管希望我朋友可以多担待，接手这些工作，在没有加薪或奖金的前提下，还会加重工作负荷量，加班是免不了的。

我朋友当时听了，心中燃起一股莫名其妙要帮别人擦屁股的怒火，这时她有两个选择：一是老娘不干了，不要忍受这种裙带关系的鸟气；二是留下来，接受这个不公平的任务。

她眼看着隔壁那位同事，每天打扮得漂漂亮亮早早下班，而自己却加班加到灰头土脸，“老娘不干了”的意念愈来愈强。

她纠结了两天，加班到半夜却突然想到，当初千辛万苦才争取进到这家业界指标性的公司时，就已经设定好至少要做满三年，看看自己在这个领域，究竟能不能实现理想，现在快满两年，已经累积了一些成绩，就这样放弃岂不是太可惜。

于是，我朋友选择留下来。多年后，她成为这个业界的知名经理人，而那位小姨子因为只是玩票性质，后来就消失，嫁作人妇了。

我朋友事后回想起来，直说庆幸自己多想了两天，想清楚了自己还有更远大的目标，才没有被怨气冲昏头脑，也才有度量扛起那些额外的责任。

某位企业家曾在演讲时说，开阔的度量和胸怀，大多是从挫折学习而来的，而没有度量的人，在职场上遇到一点儿事情就会产生妒忌、暴怒、傲慢等情绪，这些都是导致无法加薪升职的性格弱点。

相对地，如果你的目标够大够清晰，自然就不会为小事计较，不被细枝末节阻碍你实现目标，旁人也会对你展现出来的气度，感到欣赏和佩服。

相信你也听过，一些年轻企业家第二代的故事，由于还不到30岁就能享受家族的庇荫，没有更远大的目标，只知坐享其成，所以缺乏度量和胸襟，也就得不到部属及老臣的忠心支持。

如果你现在正值二十出头，我想提醒你，30岁一眨眼就来了。

到时候你将变成资深人员，需要带人或者面临更艰辛的挑战，如果没有足够的度量，恐怕也难跨过30岁的分水岭。

想一想，工作10年以后，你将停滞或往前，就看现在你有没有为自己设定大目标，以培养宽阔的度量。

有竞争力的人，目标绝对不会只是“要撑到过年拿年终奖金”，而是要成为业界第一把交椅、要做到让猎头公司都慕名来挖角、要在一年内成交100个案子等，当目标够强大，你的度量也会被撑大。

看过流浪狗为了争一根骨头，容不下彼此，而互咬得头破血流吗？因为它们的生活目标，只有眼前这一顿要吃饱。

一旦你拥有远大目标与宽阔度量，这种竞争力，是别人怎么也夺不走的。

07. 格局往往是被羞辱和伤害喂大的

甲骨文台湾地区前总经理李绍唐说：“被骂是一种能力。”是的，不管你想不想接受，现实的职场环境就是如此。

以前在广告公司工作时，有位制作公司老板曾告诉我，他刚入行时，是从制片助理开始做起的，前两年主要的工作内容，就是订便当和指挥交通，或是骑摩托车当人肉快递。

这对制片工作来说也没什么大不了的，大家都是这样从打杂训练起的。直到有一天，他遇到了一个震撼教育，他说那次是要拍摄一个威士忌广告影片，担任导演的是某位国际知名大导演。

当场景灯光与摄影机准备就绪时，导演一声令下，要他把水晶酒杯送上来。

没想到他一放下酒杯，就被导演破口飙骂了近10分钟，现场几十个人没人敢出声，他自己则觉得丢脸到想挖洞自埋。

被辱骂完后他才明白，因为自己一时疏忽，没戴手套就直接拿起擦得晶亮的酒杯，透明酒杯沾满他的指纹，美术人员只好重新准备道具。

导演认为，由于他的低级错误，浪费了团队人员的时间，才不管他是不是新人上阵，就当众“问候他的妈妈”。

我这位当时还是制片助理的朋友，觉得自己被羞辱了，气到发抖又不敢回嘴，因而得了内伤。

事后，制片经理安慰他，人不会因为被羞辱而变得更差，也不会因为被称赞而变得更好，重点是，要诚实检讨自己的不足，争取不被骂的资格。

经过这次教训，他开始想到要“争取不被骂的资格”，渐渐让自己的表现又往上提升一级，可以开始负责一些排程、调度等较为重要的工作，这是受辱时的他所看不到的结果。

的确，不管是被骂对还是被错骂，都要学会把这种被“压落底”的压力，转为向上的动力。这种转念，就像是旋转门，转过去，就能进入另一个更高规格的殿堂。

我同事听我讲完这个故事后，也跟我分享了他的经验。

他说在前公司时，有一个业界知名难搞的客户，已经换过很多业务窗口了，但客户都不满意，最后轮到我同事接手。

某次简报会议，客户大人还是不满意，不但以言语人身攻击，把之前累积的不满宣泄在他身上，更把企划案丢在地上，要我同事认错道歉。

我同事说，他可以为了无法给客户满意的服务道歉，但是客户把企划案丢到地上，他实在无法接受，觉得这是人格伤害，当场很想拍桌摔门离开。

不过他念头一转，若这样随这个疯子起舞，公司肯定要处置他，而他还有另一个8000万元新台币的年度大案就快结案了，这可是能帮他成为集团圆桌领袖的代表作。

他想，为了8000万元新台币的目标，给500万元新台币磕头道歉，非常值得。于是，他暂时放下自尊心，捡起企划书，深深一鞠躬说：“对不起，我们会再努力。”

客户被他的举动吓到了，从此对他的企划完全埋单。

即使被羞辱还是咬着牙做下去，为什么？我同事说，受到羞辱之前，每个月的薪水加奖金他已经很满足了。可是在服务客户这方面，他没有选择权。

但这件事之后，比起薪水报酬的满足感，他更想要在专业能力上证明自己，以便让客户认为没有他会很可惜，让公司认为失去他会很遗憾，他说：“这样我才有真正的选择权。”

后来他要离开前公司时，这位客户真的对他老板说：“你怎么没有把他留下来？”

这就是有竞争力的人，才懂得的道理。如果能把每次的羞辱和伤害，视作“转骨”所需的营养珍馐，绝对能喂大你的格局。

否则时过境迁后，别人只会记得你爆发的情绪，却不记得原因，徒留给别人你容忍力不够的印象。

在职场上，我们都没有避免受屈辱的选择权，然而当屈辱来临时，你也无须惧怕。

只要你能训练自己，每次受伤害时，都有脱胎换骨的能力，就必定能在职场上破茧而出，而你所吞下的屈辱和伤害，也才值得。

08. 吞委屈和压力，是需要练习的

真正吞委屈和压力的高手，并不是那些被主管骂、被客户嫌，还可以吞回去的人。

在竞争力已经全球化的时代，委屈和压力也有层次和格局的差别，你必须要吞下更大格局的委屈和压力，才能取得晋级的门票，进入更高规格的竞争。

相对地，竞争力低弱的人往往吞不下更高层次的委屈，在通往成功的道路上，很容易半路就被淘汰出局。

曾经有个年轻朋友跟我说，他工作这几年下来，已经练就能够吞下主管和客户给的委屈和压力，觉得自己饱受各种磨难，似乎已具备金刚不坏之身了。

但我很残酷地告诉他，其实他还不能为此感到自豪，因为，这才只是入门班而已。

当你历经“关关难过关关过”的考验，有朝一日升到主管或成为老板的那一天，还有更大的委屈等着你。

你必须能吞下被员工咒骂的委屈，才有资格升到进阶班。

而高级班的人，是可以为了顾全大局，忍受被全公司众人咒骂、背黑锅却不吭声，这才是真正吞委屈的高手。

想想看，你现在遇到被朋友误会斥责、被客户嫌弃辱骂时，已经很难忍受了，如果你是在上位的人，却要在大家面前被属下斥责、被股东辱骂，你能咽下这口气吗？

我有个记者朋友，在采访某上市公司的股东大会时，看到这位董事长竟然被一位名不见经传的小股东咒骂。

在众目睽睽之下，各大媒体都备好照相机，等着捕捉这场好戏，这位董事长却面不改色。等到小股东不分青红皂白辱骂完，他才微笑淡定地站起来，深深一鞠躬说：“谢谢你的指教。”

后来这位记者朋友问他：“你可是身家上百亿的跨国企业大老板，怎么吞得下这种委屈？”

他回答：“为了大局着想，这是需要练习的。”

接着他告诉我的记者朋友，在他年轻刚入行的时候，遇到过客户各式各样的嫌弃和刁难，他就锻炼自己吞下客户给的各种委屈。

回到公司里，主管给的委屈和压力也多到数不清，他就告诉自己，要学会吞下。

等到这些都撑过去了，他终于当上老板后，有一次因为用人不当，被一个部属勒索，对方以掌握客户资源为要挟，强迫他在公开场合向这个部属道歉，这种委屈他也吞下过。

现在，即使他已经坐在董事长的位子，坐拥上百亿财产，掌握几千人的生杀大权，还是要被小股东辱骂。

他说刚开始时，默默吞下委屈后，他也是吃不下睡不着，需要回家关起门来两三天，慢慢调适心理，才能让自己过得去。

后来他慢慢练习，变成只花一天时间，就能消化那种不舒服的感觉，然后恢复正常。

直到最近，他只需要一小时，就能化解掉这种吞委屈的坏情绪。

吞委屈和压力的格局就是这样炼成的，能吞下别人吞不下去的委屈的人，才有绝对竞争力，也才有资格当人上人。这样的高手，不仅懂得为公司的大局着想，更懂得为自己的大局着想。

身在职场的你一定要知道，你未来能获得的利益额度，都取决于你能吞下多少委屈。

千万别只是把委屈当成一时犯小人或运气不好，光想着要改运、要咒骂回去，如此只是更加突显你的格局过小，就像选秀节目的竞赛，闯不了几关，迟早会被刷下来。

那位上市公司的董事长也说，当年跟他同辈的一些人，有的始终爬不上去，后来被迫退出这一行，还有的去当大楼管理员、开出租车赚劳力钱，其实并不是他们能力不好，只因为他们脾气太刚硬了，坚持“爷们儿”是不吞委屈的。

所以说，成功的路上并不拥挤，因为能吞下委屈和压力的高手并不多。

当你辛苦工作数十年之后，想要出国有自己的专机接送，还是要开着二手车，担心这个月油价又要涨两毛，就看现在的你，能吞下委屈的格局有多大。

第三种竞争力

搞懂个体经济学的决策

09. 看事情时，不要把自己当上班族

很多工薪阶层的上班族，都常说自己是老板的赚钱工具，反正做得好，老板赚的钱又不会进自己的口袋，做事马马虎虎交代得过去就好。

“不关我的事”“我没办法”这类的话，便经常从他们的口中冒出来。

我之前公司有个年轻部属就是这类典型的代表，当他接到客户投诉电话，听完客户的不满抱怨时，只说自己好倒霉，商品出状况又不是自己的问题，觉得根本是替公司挨骂。

有时候客户询问过报价之后没下文，他也不去关心和追踪，时间到就打卡下班了。

后来，他果然在年度考核时踢到铁板，不但没有加薪，主管还刻意分配给他高难度的客户，想要考验他的能力。

结果，他对自己眼中的“奥客”（闽南语，为“烂客人”的意思）避之唯恐不及，直嚷着不干了，要去开网络商店当老板，不要再当被剥削的上班族。

这个年轻人就是没有搞懂个体经济学的真意，把自己当“上班族”看事情，竟然还妄想要创业当老板，果然他的生意最后亏本收场，只好又回去当打工仔。

事实上，上班族没有不被剥削的，说穿了，白领一族也只不过是比较好听的打工仔。

但是，如果你想改变被剥削的命运，就要学会把自己当“自营商”。

无论你现在是业务助理还是柜台出纳，把你的职务内容当成是自己投资的事业，盈亏自负，利益私有。

遇到工厂出不了货、客户退订单、内部同事不配合等问题，如果你是老板，不但没有借口可以逃避，还会甘之如饴想要积极解决问题。

有没有想过，当你用这个态度解决问题时，其实你是利用老板付的薪水，学会这些当老板的本事。

有“自营商”头脑的人，会懂得现在的工作就像是在为自己买卖股票，而不是代理别人买卖股票，这些利益最终都会回报到自己身上。

目前的盈亏，即是工作能力的成长或退步。盈的时候，想想哪边还可以再加码；亏的时候，则要去想该怎么止血，转亏为盈。

在公司体制内当“自营商”，虽然薪水不多、利益很小，回报也不一定马上看得到，但是相对的风险也小，因为你不用担心烧钱亏本，而且每个月薪水还能让你稳赚不赔。

等你累积的“私有利益”达到一定程度，就有机会摆脱穷忙白领一族。否则，即使有总经理或总裁的位子等着你，你也坐不起。

曾经有一位博士生毕业后，选择担任一个上市公司董事长的特别助理。

他说，记得当时在跟前任特助交接时，前任特助告诉他，工作好无聊，有时候简直不知道自己在做什么。

的确，特助的工作内容，就是帮董事长安排会议行程、送送公文等打杂而已，不过，这位博士生并没有用特助身份，看待这个工作。

相反地，他觉得一家上百人的公司，平常有几个人看得到董事长怎么批公文、怎么做决策的，只有他，能就近观察如何当一个董事长。

正因为他有“自营商”的头脑，所以他不觉得自己是被剥削的打杂工。工作三年间，他学到了很多比哈佛理论更有用的经营管理实务，从中赚取了很多“私有利益”。

20年后，他果然成为一个国际集团的董事长。

改变看事情的角度，你才能改变命运。联强国际总裁杜书伍曾说：“当你在一楼时，就要去猜40楼的人在想什么。”

如果你认命自己是个被剥削的上班族，你就注定只能把自己关在笼子里，终身被老板豢养。

谈到这里，还是有年轻朋友跟我说，他以后并没有想要当什么董事长，也没有开店创业的梦想，只想安分地上班一辈子。

20多岁时，他可以天真地这么想，不过这样下去，他的竞争力会一年一年地丧失。我只能祝福他，50岁时还能安稳地做个打工仔，没有被年轻力壮又便宜的新人淘汰。

10.解决问题时，要把自己当成被投资对象

《今日美国报》（*USA Today*）一项人力资源调查发现，有99%的企业管理者，把解决问题的能力视为不可或缺，或是非常重要的用人选项。

的确，我有个主管朋友说，他每次在面试新人时，每个人的履历表都很会把自己包装成潜力股，而他通常会问对方："你觉得自己有解决问题的能力吗？"绝大部分的人都会很肯定地回答他"有"。

但每当问题来临时，比如挨了客户一点儿骂，他们总是很快就来求救。其中很多年轻部属都表示，那些问题的难度已经超出他们的能力了。

不过我朋友发现，他们其实根本都还没真正投入去尝试解决，问题一到手上，就像手榴弹保险栓都还没拉开，就急着丢出去，这样的潜力股，有谁敢投资？

曾经有媒体报道过，美国有一位著名的华尔街投资人，他靠收购各大企业的股票，累积了上百亿美元的身家。

当他买进了股票后，还身体力行去监督企业管理阶层的营运决策。只要他认为这家公司经营有问题，就会直接找上CEO开骂，还逼迫某个跨国企业的董事会，换掉作风保守的CEO，甚至让他所投资的一家公司以关闭工厂、裁员等手段，达成降低成本的目标。

这些企业都很怕他来找麻烦，可是到后来，他们的股价竟然都上涨了，为什么呢?

因为这些企业都是“被投资对象”，面对股东的压力，不得不积极面对问题，进行改革重整。这位投资人无论是开骂还是施压，无非都是希望他所投资的公司能够获利而已。

事实上，把这个概念放到个人身上也一样，如果你把自己当成被投资对象，你将会发现，工作上没有问题是不能解决的。

如果出问题时，客户或主管因此骂你，就当作是股东在骂你，都是为了被投资的你变得更好。

当你肯直接面对麻烦，而不急着把问题丢出去，那么一般人遇到问题会产生的退缩、逃避、放弃等消极心态，你也不会有了。

别人看到你愿意全权负责的态度，也会协助提供资源，你就一定能找到解决的方法，得到正向的回报。

我有一位在网络营销部门工作的朋友说，由于他们公司的购物网站设计过于复杂，接口不好使用，长期以来都被客户诟病，常常接到客户投诉信件，也导致回购率很低。

于是我朋友便向程序设计部门的人提出改革建议，但程序员一口回绝说："不可能！别找我麻烦了，这个界面牵一发而动全身，不可能说改就改的。"

我朋友不死心，又去找了几组不同的程序负责人商量，终于有一组人员愿意针对自己负责的部分试试看。

耗时两个月后，终于找到解决方案，新功能一上线，客户立即有回馈，销售曲线也上升了。之前说"不可能"的那位程序员，只能哑口无言看着同事被论功行赏。

许多人认为无法解决的问题，为什么少数人可以解决？

因为心态不同，竞争力就不同。其实，很多问题都不是不能解决的，只是暂时不能，要花时间去寻求资源，挖掘解决方案而已。

世界上有太多教你解决问题的技术理论，但若欠缺想要解决问题的态度，空有那些技术理论那等于是零。

微软创办人比尔·盖茨曾说：“你的绩效来自解决问题的能力。”老板要找的人，就是能帮他解决问题的人，而且通常越困难的问题，也就越具有挑战性，会受到老板越多的关注。

如果你能以“被投资对象”的心态，成功处理危机，你不但是替自己解决了问题，更能在老板心目中立下大功，让老板认为，他对你的投资是正确的，你的身价和竞争力都会翻倍增长，也才真正有资格当公司里的潜力股。

相反地，如果你缺乏这种个体经济的头脑，是遇到问题只会动嘴巴说“不”的人，你就会是公司里的大问题，老板要把你“解决掉”，也是迟早的事。

11. 为公司或单位做贡献时，不要有被剥削感

为公司贡献，就感觉自己被剥削的人，反而会让自己的努力变得一文不值。

每个公司里，一定有贡献度较低的人，所谓的“80／20法则”即是指，公司里80%的人，对公司的贡献度只有20%。相对地，那20%的少数人，则撑起了公司80%的业绩，但往往这些有贡献的少数人，会产生“被剥削感”。

我有个年轻朋友工作才三四年，最近跟我说他想换工作，要我给他一些建议。

我询问了一下原因才知道，原来他就是公司里那20%有贡献的人，他做的事情比别人多，也做得很好，但薪水待遇还是一样，于是他便开始产生心理不平衡，觉得被公司剥削了。

我认为，以他这样的心态，换到哪家公司问题都一样，为了让他明白这当中的利害关系，我便告诉他，曾经在我朋友公司上演的真实故事。

当时，那家公司里有个超级业务员，全公司50%的业绩都在他手上，每个月依照奖金比例，也都能拿到十几万元的奖金。

可是，他仍然觉得自己被剥削了，认为公司存活都靠他，于是跟老板要求，想以不用出资的条件入股，取得股东分红。

这个要求让主管很头痛，也引起了董事会的纷争，甚至公司内部有些人对他的“拿乔”（装出为难的样子或找借口刁难别人，以抬高自己身价），也默默心生不满。

因为他忽略了，其实他的贡献是靠同事、主管的协助，以及跨部门的团队合作才能达成，并非靠他一人的力量就能办到。

结果，在那之后的某一个月，因为他的业绩没有达到标准，董事会就趁机把他开除了。原本被大家看好的他，这下所有的贡献都变得一文不值，这就是“被剥削感”作祟的结果。

年轻时，你的贡献度就是竞争力的表现，当你有机会为公司或单位做出贡献，付出超过你认为的相对价值时，其实你无须急着去要，也不要有“被剥削感”。

因为每家公司都有考核制度，很多调整不会是实时的，有竞争力的人，会懂得去储备这些贡献的“富能量”，而不是累积“被剥削感”的负能量。

特别是在进入职场前五年，你应该把自己当成“股东”，你不用拿钱出来投资，只要投资时间和工作表现。

而你现在拿到的分红，除了看得见的薪水和奖金，还有你的工作能力，也就是你的竞争本钱，这些本钱能让你几年后获得更高的职位，或是更好的待遇条件，这都是短视者看不见的“股东权益”。

我这样说，并非鼓励你接受有损健康的过劳贡献，而是说明了在资本主义下的职场规则。

当你与公司谈定了薪水，接受了这份工作，在工作安全无虞的情况下，你拿了薪水本来就该对公司有所贡献。

而且你的贡献如果能让公司赚钱，也让同事们赚钱，公司财报佳、名声变好，大家对你的评价也会跟着提升，你不但工作有荣誉感，也会更好地做事，好处都会回馈到自己身上。

反之，要是公司里每个人都认为拿多少钱做多少事，以家庭代工、论件计酬的心态工作，这家公司收益肯定不会太好。

在经营惨淡的公司，员工也不会开心到哪里去，连想换个工作，人家看你从哪里来的，对你的评价也会打折扣，这些业障难道跟自己无关？

亚都丽致饭店董事长严长寿先生，在他23岁时，进入美国运通公司担任传达小弟，由于他主动做了很多“分外”的工作，才让老板看到了他的贡献，于是给他更多机会，让他能在短短五年内，从小弟变成总经理。

严长寿先生说：“不是每件事都能把‘得失’安之于‘数’，如果你认为这个工作有价值，就应该放手去做。”

而有价值的工作，是无法用“被剥削感”去衡量的。如果你能以“股东”的心态投入工作，有贡献时不要太快自满，等到你能独掌大局时，根本不需要你开口，公司也会主动给你股份。

有大格局竞争力的人，懂得在确实被剥削的职场制度上，用“无”被剥削感的逆向思考去投资自己，这样才能在那些“有”被剥削感的同辈中脱颖而出。

12. 每个月为自己制作个人营运检讨表

很多年轻人都向往自己有老板命，要是身家上百亿，家里有穿制服的用人、管家为你服务，该有多好。

不过，如果想当老板，每个月检视公司的营运状况，是身为“经营者”的基本功，却很少有年轻人知道，要趁早学会制作个人营运表，来检讨自己的竞争资产，作为经营自己的进步指标。

事实上，身为领薪水的上班族，你应该具备这种当老板的头脑，因为在职场这个完全竞争市场里，每一个人都是独立的经济体。

不管你在哪个职位，只要是开门做生意，就要了解自己的经营状况，就像一个企业需要每月计算损益表或资产负债表一样，随时掌握个人拥有多少资产和负债。

而在职场上，能够累积的资产不只是摸得到的薪水，还有你的专业度、信用、人脉等，都属于无形的珍贵资产。除非你是首富的孩子，有祖产可以挥霍，否则这些资产都是要靠自己挣来的。

制作个人营运检讨表时，必须根据行业类别的不同，由你自己设定评量项目，而且所有项目最好能被具体量化，并加以列举。

例如，在前面文章中提到，踏入职场后，你应该具备“解决问题”的能力，所以在这个资产项目之下，又包括了解决与厂商议价的问题、能处理客户问题的层级等细项。

假设你的职务要接洽外发厂商，那么一开始你可能会被厂商“糊弄”，无法独立解决议价问题。

但随着你对原材料价格、制造或施工原理慢慢了解以后，你就更能掌握议价空间，这些细项都可以作为个人营运检讨的标准。

不然，没有明确目标的人，往往会过得浑浑噩噩，每个月薪水花光了，却不知道自己在穷忙什么。

在每个月诚实检讨的过程中，你可以清楚地分析自己还需要努力的部分，并着手改进。或是为自己设停损点，如6个月后有超过五成的项目都没有增长，你就该考虑这个工作的合适性。

有一个创业的朋友跟我说，他在公司草创初期，发觉自己的人脉不足，所以他决定进入EMBA就读，在班上他认识了很多企业高级经理人，通过这些同学的引荐，他的商品才能成功打进一级渠道。这就是做个人营运检讨的好处，实时掌握竞争力的损益。

另外，当你在设定评量项目时，除了自己的想法，也可以请教与你工作相关的其他人，通过客观观察，更能弥补自身的盲点。

高盛银行副总裁罗伯特·卡普兰（Robert Steven Kaplan）曾说："任何与你有工作接触的人，无论职务高低，都能为你带来意想不到的建议。"所以，开口去问吧，把上司、同事或客户当成你的经营顾问。

放大你的格局，练习用老板的头脑经营自己，当你每个月都能感受到自己的成长，不仅工作时更有动力，你的职场人生也能过得比别人好。

有个朋友说，他刚开始担任豪宅中介业务员时，有一次去拜访一位总裁级的客户，因为他缺乏自信，面对这样的大咖，他说话时连头都不敢抬起来。这位总裁很不高兴，只跟他说："等你可以抬头说话时再来。"

第二次，他先在镜子前练习了很多遍，再去拜访这位总裁。这次虽然敢看着客户说话，却因为案子内容准备不足，紧张到结结巴巴。这位总裁又对他说："等你能说清楚再过来。"

第三次，他把提报资料准备得很充足，加上有之前的经验累积，他终于能自信地表达，谈笑自如，案子便顺利成交了。

由于他之前已经知道替自己制作个人营运检讨表，这些进步的过程，就在检讨表中看出来了。

总而言之，通过营运检讨，不只能改善个人的经济能力，久而久之更有机会扩大经济规模，提高在职场上的身价和地位，让你的小公司变成"跨国企业"。

个人营运检讨表

资产项目	营运细项	损益评量（上月）	损益评量（本月）
解决问题的能力	外发厂商的议价能力	不了解原材料价格	已了解原材料价格
		不了解制造施工原理	已了解制造施工原理
	能处理客户的层级	500万预算的C级客户	1000万预算的B级客户
	能直接对话的客户窗口层级	专员	课长
	独立完成项目时间	10周	9周
人脉资源	拥有客户名单	100个	120个
	拥有同业朋友	46个	50个
	拥有异业朋友	12个	15个
	拥有资深前辈朋友	6个	6个
	拥有协力厂商朋友	12个	13个
面对恐惧的能力	能上台报告	5分钟	15分钟
	能独立完成简报	还不能	还不能
	陌生客户拜访达标率	19个	30个
	能完成的演讲规模	10位听众	30位听众

个人营运检讨表

（续表）

资产项目	营运细项	损益评量（上月）	损益评量（本月）
吞委屈和压力的能力	能吞下主管的委屈	14天以内复原	10天以内复原
	能吞下同事的委屈	7天以内复原	5天以内复原
	能吞下客户的委屈	10天以内复原	10天以内复原
	能吞下部属的委屈		
获得薪资以外的奖励	周竞赛排名	第二名	第四名
	月度业绩排名	前五名	前三名
	集团青年代表	进入候选名单	决选名单
	外派海外公司交流		下个月
（以此类推）			

第四种竞争力

看懂整体经济学的运作

13. 当邻居在修墙壁，你就别想睡

当隔壁的电钻声，一大早就像讨债催命般地震醒你，不管你已经几天没睡好，这种噪声共享，你只能选择接受。

事实上，这种你不得不接受的变量，就是总体经济的真意。

有一天，我以前公司的同事跑来跟我抱怨，说他今年加薪好少，可是公司明明有赚钱，特别是他的部门都有达到关键绩效指标（Key Performance Indicators，KPI）设定的目标，老板却那么小气。

我告诉他，他会这样抱怨，是因为视野还不够大，没有用头脑洞见老板在想什么。除非他握有老板赚钱却克扣奖金的证据，否则，与其在底层抱怨，还不如拉高自己

看事情的角度，培养自己拥有更大的视野和竞争力。

他没想到，我非但没加入抱怨行列，还这样回答，因此露出疑惑表情，于是我便进一步解释。

身为经营者，一定要综观全局，才能布局公司整体的营运，绝不会只看某个部门单位的表现，而顾此失彼。

这就跟“总体经济学”的概念一样，一家公司的运作就像一个国家的整体经济，公司高层就如同政府单位。

例如，如果经济不景气，政府就会以财政政策和货币政策介入市场调控。而营运不佳的产业，通常也是拉低国内生产利润的“后段班学生”。在这种时候，即使有赚钱的产业，也会紧缩预算趋向保守策略。

万一政府没有调控得当，导致物价指数和失业率上升，国民平均所得下降，大家的痛苦指数增加，当别人活得痛苦，不敢消费，就算你的公司再好，也逃不了业绩下降的诅咒，无一幸免。

同样的道理，公司内部运作也是如此，只要其中一个部门不赚钱，影响公司整体收益，即使你表现再好，减薪、裁员或放无薪假，还是有可能发生。

我的前同事听到这里，恍然大悟说："对哦，听说刚成立的研发部门今年亏损惨重，公司高层应该在苦恼该怎么补这个大洞。"

这就对了，当你的邻居在修墙壁，你就别想睡了。

当市场的竞争越来越惨烈，很多企业内部都开始采取利润中心制，每个部门都是独立的事业体，但其实部门与部门之间，是一种"互联"的关系，并无法独善其身。

曾经有一家制造商公司，业务部为了达成自己的年终业绩目标，在年底前急着抢单，就在报价时压低了生产价格，并且允诺客户提前交货时间。

不过生产部认为，降低成本会改变质量，若增加人力配合提前出货，更会影响部门绩效。

结果，强势的业务部吵赢了这场架，让生产部在正常排程下，生产低价产品，而业务部也顺利达成年终目标。

没想到出货之后，竟陆续发生劣质零件的安全问题，消费者向媒体投诉，公司只好全面回收这批产品，导致年度营收损失惨重，公司经济大衰退。

结果，下年度公司为了弥补亏损，业务部不但要被迫接受更高的目标，连奖金比例也下降了。

很多人往往因为无法抛开本位主义，为了达成自己部门的目标，忽略了跨部门合作的重要性，因此造成损失，动摇了基础，自己终究也无法置身事外。

管理学中有一个著名的木桶定律，是指一个木桶能装多少水，取决于桶壁上最短的那块木板，而非最长的木板。

因此，当你要让木桶装满水，你只能设法让所有木板都等高。也就是说，只有组织内发挥团队作用，才能展现整体的实力，这也呼应了部门之间“互联”的重要性。

我常常听到，很多年轻人责怪其他部门不配合，或抱怨老板不支持自己的部门等，导致不同部门的同事之间，彼此私下批评而产生心结，其实这都是不必要的内耗。

管理大师彼得·德鲁克（Peter F.Drucker）曾说：“如果没有意见纷争与冲突，组织就无法相互了解；没有理解，只会做出错误的决定。”

有冲突不一定不好，只要你清楚，大家都是在创造公司的整体“生产毛利”，这样面临部门冲突时，你就不会让自己误判形势。

台积电在十几年前就看见晶圆代工的需求，更进一步地和各大芯片设计厂建立互联关系，因此，台积电才能长期居于业界领导地位。

总之，当你的敌人还在计较这个月赚多少时，如果你能将眼光放在总体经济的高度，你才能像台积电一样，具有未来五年以上的竞争优势。

14. 把你的部门当成内需市场

现在有很多年轻人似乎都不懂得如何和主管相处，主管一走进办公室，就背脊挺直，情绪紧绷。

他们经常抱怨，有时候按照主管说的话去做，结果又不完全是他要的，不知道主管在想什么。

我的一个亲戚的孩子，就因为有这个症状，常在职场上吃闷亏。有一次，他们部门几个部属按照主管交代的企划方向，各自提报解决方案。

结果，主管认为他的提案内容虽然不错，但方向偏了，最后采用了另一个同事的企划。而这位同事又是主管的前公司部属，他便认为，主管喜欢用自己人，开始担心自己不是“国王人马”，以后在这个部门前途无望了。

我告诉他，若把主管当主管看，他的前途才真的堪忧。

有眼界策略的人，要把部门当成“内需市场”，你是满足市场需求的供应者，与你平行的同事就是你的同业竞争者，而主管便是这个市场中的消费者，也就是你的客户。

部门是一个封闭市场，你的服务或产品，只提供给主管这一个客户，相对地，主管只能在你和同事这几个同业中做选择。

就像商场上的竞争，你与同事间也应是对事不对人的良性竞争。想胜出就要看谁更了解市场，拟出正确的策略。

首先，想在部门里赢得主管的点头，你要懂得摸清主管的想法。用经营客户的策略，向上经营主管。

若用大视野的头脑去看事情，你就会想到，部门主管也有他的客户（大老板）要服务，有他的同业（其他部门主管）要竞争。

当他运筹帷幄时，不见得会跟你说出全部真相，也没有跟你“报告”的习惯，加上要处理的人和事比你更多，不一定有空跟你多聊。

当你对主管的想法有疑问时，应该找适当的机会面对面，或是用电子邮件沟通讨论。其实，主管通常会直接跟你说他的想法，你也省得私下胡乱揣测，拟错“市场策略”。

另外，我发现很多年轻人，对解读主管说的话有障碍，还有人跟我说，他一听到主管说话的声音就胃痛，跟主管说话也总是有下对上的距离感。

就像客户有各种类型，主管也有不同的行事风格，有些注重效率的主管，交代任务时会省略前因后果；有些年纪稍长的主管，确实跟你在想法和语言上有“代沟”；甚至也可能遇到表达技巧较差的主管，加深沟通难度。

这时，就更需要你用心去解读，分辨不同类型主管适合的沟通方式。

但无奈的是，现代年轻人的人际沟通，往往都是通过网络和手机，要面对面沟通时，想听懂别人的话，竟成了一个难题。

我有一个年轻朋友说，她遇到一个主管，每次提报方案请主管裁示时，主管总喜欢说“再想想”，不会再多做解释。

一开始她还没摸清主管的想法，担心主管话中有话，暗自揣测这句话什么意思，是自己做得不对还是不够好，心中冒出很多疑问。

我建议她的做法是，用更具体的问句，去厘清问题，明白主管想达成的结果，不冒看到黑影就开枪的风险。

几次沟通下来，她才领悟到，其实这位主管是没有安全感的客户类型，只要多给他几个备案选项，让他安心即可。

否则没搞懂“市场需求”的话，闷不吭声地白做工，反而蒙上效率低的不白之冤。

把事情做对，跟选对的事来做，在层次上是不同的。领导学之父华伦 · 班尼斯（Warren Bennis）曾说：“管理者把事情做对，而领导者做对的事。”

若你能看懂部门的内需市场环境，做对的事，不仅能在同业竞争中胜出，你更有能力迈向领导者之路。

而当你与主管建立了信赖感与默契，满足了主管很重视的工作配合度，你甚至能表现得超越主管的期待。

在这个封闭的市场里，你就能刺激需求，让主管看见你的存在，借由扩大内需，培养你的竞争力。

15. 从期货角度，来看公司未来的发展

有前途和没前途的人差别就在于，前者能靠未来赚取财富，而后者总是把选择权交给无知。

想在有未来的公司大展宏图，就要看你有没有预见未来的眼光。

决定一家公司的未来发展，就好比期货这种“未来的商品”，老板在发展公司策略时，跟操作“期货”的心法其实是不谋而合的。

从期货（Futures Contract）的角度来看，买卖期货就是买卖标的物的一种契约，借由未来到期日市价的估算值，预先看涨或看跌。

但在未来到期日之前，市场环境一定会有波动，投资人越早看准趋势可以赚得越多，越慢或错过时机则可能亏损。

不论是期货还是选择权投资人，都必须在买入与卖

出的想法变动之间找到最佳获利点。

同样地，全球竞争市场瞬息万变，任何一家有愿景的企业，若领导者想要长期获利发展的话，势必要能预测未来事件，并顺应情势调整经营方针，才能在“有效时间”内及时定下决策。

虽然说没有人能像神仙一样，搓搓神灯就能看见未来，但公司的领导者，却必须拥有预测公司发展的能力，而且这种能力是可以培养的。

我认识一个在便利店打工的大学生，他说每天看店长在写隔日的进货订单时，他总是很好奇，这些数字是怎么订出来的。

于是他偷偷观察，店长除了会看放假日的时间点，还会根据天气预报预估冷食与热食的比例，并随时打听小区邻里的活动，以及附近公司行号的异动，从这些观察，让他看出了一些心得。

我认为，这个年轻人有这种好奇心是一个很好的起点。由此他看到的不再只是今天赚多少时薪，而是预测未来的眼光。

小店老板预测明天便当该进货多少，大企业老板则预测公司10年后要扩建几个厂。

身为上班族的你，最好能及早培养这种高格局的预测眼光，如果你押对宝，“获利”可以是数百或数千倍。

曾经有一个在制造商工作的技术人员，原本他的工作，只是很单纯地提供技术制造商品，完成工厂的代工订单。

不过他留意到，国外消费者在使用这类产品时，渐渐有追求个人化的潮流，加上公司高层干部去国外观摩设计展的频率也增加了，他嗅到了这类产品建立品牌的趋势已接近。

但由于他只有技术背景完全不懂商业营销，便利用周末时间去大学进修营销商管课程。没想到一年后，老板告诉他公司要自己建立品牌，问他愿不愿意负责管理营销部门。

他就这样从技术部门一脚踏进了营销领域，成为建立品牌的元老功臣，历经10年，现在他已经是这家跨国公司的总经理。

若你对经营自己的未来有“抱长期”的打算，

就要跟上老板看事情的脚步，深入关心所处的产业行情，观察国际和本地的环境情势，培养自己预测市场走势的能力。

只看表象的人，通常眼光较短浅，尤其是公司基层人员，对于公司的变动常常是雾里看花，很容易产生信心崩盘，甚至觉得老板想法怎么一直在变。

这样的人，因为没有预测的能力，往往只能跟在别人的屁股后面，帮人提公文包。

台湾地区某大学设有一个“未来事件交易所”，通过期货交易的方式，借以预测事件在未来发生的概率。而美国政府国安事务的顾问梅斯奎塔（Bruce Bueno de Mesquita）则擅长以经济学的赛局理论预测未来，包括全球暖化等议题，他都能预测，以协助政府做出最佳决策。

“预测”俨然是一门科学，当你拥有这种交易“未来商品”的竞争力，押对宝，未来的选择权就会在你手中，改变你10年、20年后的命运。

16. 你的业界就是一个完全竞争市场

“在商业界，若你持续向前奔跑，竞争会咬伤你；若你静止不动，竞争将吞噬你。”这是美国企业家威廉·努森（William S. Knudsen）说过的一段话。

我朋友日前很无奈地跟我说，他们的网站才刚推出六小时送货上门服务，不到一个月，同业竞争对手立刻跟进，推出五小时保证送到承诺。就这样你追我赶，在业界互咬的情况早已屡见不鲜。

其实，不管从事哪个行业，只要市场上有同业存在，你的业界就是一个“完全竞争市场”。

在这个竞争市场，大家的专业都一样，产品或服务的同构性很高，连目标客户也是同一群人，就如同一种“零和游戏”，你变多了我就变少，我赢了你就败。所有信息都是流通共享的，即使有一点点独创，要复制也太容易，没有一家能够垄断。

台积电董事长张忠谋在接受访问时曾说，他会记下客户和竞争对手的财务报表重点，每几周温习一次，就像温习教科书。

初入职场的你也一样，即使你还在基层第一线，如果10年后想在业界出头，就要试着从了解竞争对手的想法开始，建构自己在这个业界的竞争力。

曾有一个企业管理顾问，在为某家公司做企业诊断时，请员工分别提出对自己公司的看法，结果不外乎是以下几件事：“我们产品没有A公司好，很难推”“价格都一样，客户为什么要来买我们的”“现在客户都要求很多，价格又砍得很低”“别家公司福利比较好”“我们的资源比较少”。

有趣的是，他在另一家同业公司做过类似的调查，结果竟也雷同。事实证明，你心里对公司、产品、客户产生的问题，竞争对手也会遭遇同样的问题。

从正面去思考的话，你与竞争对手机会均等，大家都在同一个鱼池里，想着如何超越对方。

看过《动物星球》你就会知道，狮子家族即便是亲兄弟，没的吃的那一只也会盯着同类嘴边的肉，等着分食一口。

同样地，你的竞争对手除了想顾好自己的战利品，不要被你抢走，也在看你嘴边的肉，什么时候掉下来，甚至他们更想知道你有什么能耐，要怎么取代你或不被你取代。

我在前公司任职时，公司有一个经营长达10年的大客户，这10年来陆续有好几家同业公司，都主动向这个客户提案，希望能从我们公司抢走这个客户的业务，但始终没有成功。

竞争对手很不解，明明他们能提供相同的条件和资源，为什么无法取代我们公司呢？经过打听之后他们才知道，原来是因为客户的主要承办人员跟我们公司的项目负责人，从产品研发就开始合作，两人已经培养出了革命情感。

这位项目负责人，把产品视为自己事业中最重要的孩子，24小时待命，连台风夜也服务到家，就是这份令人感动的忠诚态度，绑住了客户的心。

由此可见，当很多软硬件竞争条件越来越同质化时，唯有让客户买你的“态度”，才能不被竞争对手轻易取代。

不过也要小心，在你认真维护自己的“无可取代性”时，可能竞争对手已经另创新的“不可替代性”。

在2011年，韩国三星于美国取得的专利数，才600多项，到了2012年，三星取得的专利数暴增到5000多项，排在第二名，而它的对手苹果，则以1000多项专利数排在第二十二名。

虽然专利数不能保证营收，但也说明了，企业和人都一样，必须先往内追求超越自己，再找机会超越对手。

在大环境越来越严苛的条件下，能够提供附加价值，就有相对优势。这个附加价值可以是一种企图心，就像乔布斯（Steve Jobs）的名言“保持饥渴”，保持饥渴的猎人之心，你就不会被吃掉。

现在正年轻的你，若懂得用完全竞争市场的格局高度看业界，将决定你20年后，是否能站在行业制高点，甩掉竞争对手。

17. 你的未来如何布局，要摸清各种变数

成功的人，随时随地都在因应各种变数，为未来布局，即使去逛大卖场也不例外。而穷忙的人，往往只能达到血拼的层次。

如果今天一杯豆浆又涨五块钱，平凡的人只会感觉钱不够花，精明的人会说物价又上涨了，而有大视野的人早就“看到”这是因为美国之前发生严重水灾，导致全球黄豆缺粮断货，造成黄豆原材料价格大涨。

摸清环境变量，能帮助你洞察各种“先见”，让你在工作上做各种规划时，可以趋利避害、降低风险。

不过偏偏很多年轻人，只知其一，不知其二，连现况都看不清楚的人，不仅谈不上布局未来，甚至连下个月的饭碗都可能难保。

其实，企划案就是一种布局未来，短期可能是为两

个月后的商品发表会布局，长期可能是为一年、三年后的公司发展布局。

即使你不是从事国际贸易或金融工作，也要认识各种环境变量，这些变量包括了国际经济情势、汇率变动、量化宽松政策、股市、债市、原材料市场、全球气候、自然灾害、各国政治变量等。

曾经有一家电子制造大厂，因没有预见性，面临物料短缺及外币汇损，没有及早想好配套措施，结果造成零件断货，工厂只好停工。

这后续又连带出现员工被迫放无薪假、外资调降投资评等、股价下跌、热钱外移等蝴蝶效应，这些皆是因为没有妥善布局，让公司的未来处于极度危险的状态。

还有一个案例，新闻曾报道一家国际制造厂商，在美国经济最低迷的时候，宣布要在美国设厂的计划，一般人都不理解，论人力成本和经济环境，应该在其他发展中国家设厂更为适合。

会有这种粗浅想法的人，是因为没有深究各种变量。事实上，美国在几年前已成功开采页岩气能源，估计10年内可以提供比其他地区更便宜的能源价格，而20年后，无须依赖进口石油，就能自给自足，这对需要高能源的制造商来说，在此设厂无疑是最佳的未来布局。

当你能摸清这些变量，在规划工作时将它们考虑进去，为公司降低未来风险并创造利润，也等于为自己的5年或10年后布局。

有年轻朋友跟我说，这些事务都很难懂，我只能告诉他，不懂的话就要预留时间去学习。

大前研一在他的《OFF学》里提到，从年轻的时候开始，就应该积极规划下班后（OFF）的时间，不要沦为无时间、无金钱、无悠闲的可怜虫。

我看到时下有些年轻人，愿意花6个小时风雨无阻地排队买一个甜甜圈，换取短暂的“小确幸”，实在替他们“这么有空”感到惋惜不已。

如果花同样的时间，可以换到10年的竞争力，延长一辈子的幸福感，难道不是比较划算吗？其实，现在不论是哪种产业，你的同业对手早已超越地域性，若别人懂的你不想去懂，相信很快地，很多人会来抢你的饭碗。

只有具备全球视野的人，才有能力为公司的未来布局，也才能为自己的未来布局。

否则，眼里只看到路口甜点店的甜甜圈、只忙着吃的人，未来可能连一套像样的西装都买不起。

第五种竞争力

对钱有超凡的认知

18. 除非退休，否则不要把钱当命看

金钱让人有安全感，却会让年轻人忘记自己有多穷。

我以前的公司曾经有一个年轻部属，才工作了三个月，一切正要步入正轨时，竟为了200元的迟到扣钱争议，跟老板吵架，因此愤而离职。

后来听说他连续换了几个工作，都做不久，不是嫌钱太少，就是嫌工作太多，不然就是看到另一个工作薪水多一些，就冲动跳槽。

我发现，他的工作都是向“钱”看，但这些短暂的经历，实在很难当作资历，根本是在浪费生命而已。

但他却没有这种觉悟，老爱跟同辈比较，只要薪水比别人低，他就觉得自卑、没有安全感，仿佛自己的命比较差。

其实，如果他有清楚的目标，确定这份工作能成为

自己未来升迁的垫脚石，这两三年的投资绝对值得。

而把钱当命看的人，等于被钱奴役，情绪、行动都受钱牵制。一旦让金钱成为做事、做人的最高指导原则，看事情的焦点很容易模糊、判断力失准，不小心就会误入歧途。

除非你已经退休，没有条件增加收入，余下的生命只能靠着退休金维持，否则，年轻时把钱当命看，只会让自己命更差。

小周就是这样一个“傻瓜”，因为公司采用责任制没有加班费，每次遇到假日要加班时，他就找各种借口当理由，拒绝配合加班。

可是，如此一来却苦了同组的同事，大家被迫要分担他的工作量，纷纷与他结下了梁子。此后，当他工作上需要协助时，常常找不到人帮他。

爱钱如命、喜欢计较的他，算盘打得很精，有一次他带公司里的实习工读生去吃饭，一起结账的时候工读生少找给他10元。

事后他发现了，竟然像要了他的命一样，神经质地碎碎念，隔天还去跟工读生要钱。大家看在眼里，都觉得他身为前辈，这副爱钱的样子实在有点儿难看。

又有一次，他在公司外面要打电话找客户，竟然表明为了省手机通话费，要求客户回拨给他，令人侧目的行径使得客户很不满，于是去跟他的老板告状。

一路提拔他的老板也对他很头痛，时常听大家对他的抱怨都听烦了，于是搁置了他的升迁考核，他还反过来质疑老板为何不给他加薪。

就因为他爱钱如命，贪图眼前小利，不愿意吃亏，又吝于付出，不但把同事、客户和老板得罪光了，也把自己的格局做小了。

像这样可以为了钱跟任何人结怨，甚至不惜得罪职场贵人的人，不只会招小人，连竞争力也会被钱绑住。

反观很多成功致富的故事，那些有钱人在年轻时，都是因为不怕穷，没有把钱摆在第一位考虑，反而刺激他们更有创造财富的动力。

曾有一个软件设计团队，在大学时就设计出一款全世界爆红的应用软件，吸引了许多创投公司主动投资，甚至有大财团出价10亿美元想把它买下来。

事实上，这套软件在市场上还没有赚钱，若是爱钱如命的人，听到这么诱人的价码，一定立刻卖掉，早收钱早安心。

不过，他们却没有见钱眼开急着卖掉，并不是因为他们不爱钱，而是因为他们很清楚自己未来的潜能，还在寻找更好的机会。

果然，当初出价10亿美元时，每天有6000万次用户使用量，但不到9个月，每天用户使用量已经超过3.5亿次了。

真正有致富基因的人，绝对不会眼里只有钱。英国前首相撒切尔夫人（Margaret Thatcher）曾说："创造财富本身不是错，爱钱本身才是错的。"

年轻时的竞争力无法用金钱衡量，要是错看了钱这个指标，让自己老是走错路，10年时间很快就会用完，等你过了30岁，要回头已经来不及了。

唯有不把钱当命看，摆脱守财的奴性，能把格局做大的人，才有机会摆脱穷忙的命。

请记住，未来30年，真正能让你活命的不是钱，是竞争力。

19.钱是子弹，千万不要把它藏在床底下

曾经有一位70多岁的老先生，平日靠做资源回收维生，好不容易存下10万多元的大钞，全把它藏在床底下，以为这样最安全。

没想到要用时才发现钱被老鼠啃光了，只剩下残破不堪的钞票碎屑，让他欲哭无泪。

类似的故事你我都听过，大家都同情老先生的单纯与无知。有年轻朋友说，老先生真可怜，怎么不懂得要把钱存在银行?

有这样想法的年轻人，我要提醒你，你的单纯与无知，也与这位老人家不相上下。

如果钱不活用，根本就没有价值，尤其是处在通货膨胀严重的低利率时代，钱存在银行里，赚的利息追不上物价指数，反而可能让资产变负债。薪贫族只会死存钱的话，就等于是在存“用油墨印刷的纸”，跟被老鼠

哨破没两样。

若你仔细去观察那些富豪与成功企业家就会发现，富人并不追求身边有多少现金，他们真正在意的是如何运用金钱。

有富人头脑的人会知道，比起手中的现金，资产净值才是决定财富的关键。若懂得把钱当子弹，“花钱”就会比“存钱”更能赚钱。

而有大格局竞争力的人更明白，要把有形资产变成效益百倍的无形资产，才能在职场上“杀敌制胜”。

所以，就算是月领22K薪水，扣掉生活开销只剩下两三千元，你也要想办法把这些钱变成子弹，供你“上战场打仗”。

月薪族的你，与其在乎赚多少钱，你更应该懂得如何活用钱，让钱发挥价值。

大学刚毕业的戴维，去澳大利亚度假打工，他找到一个在乡村摘苹果的工作，每天可以拿到新台币3000元左右的日薪。

不过他跟我说，有一次下冰雹，农场主人竟然不让他们休息，这么辛苦的劳力活儿真的做不了多久，虽然存了几十万元，但他对于未来还是很茫然。

而戴维在语言学校时，认识一个韩国朋友朴敏贤，在升大四时就办了休学，拿着打工存的钱出国，来这里进修英文。

朴敏贤说，他的目标是一年内通过“雅思（IELTS）”英文高级检定，才能符合韩国前三大国际企业的征才条件。在毕业前，他就要先拿到进入明星企业的“门票”。

虽然短期内，戴维的银行账户里多了一笔钱，但他没有将钱活用，也没有时间投入英文检定考，打工的经验又很难应用在未来的工作中。

回到台湾后，戴维并没有因此增加任何求职的优势，还是找了一个22K的工作从头开始，如此吃苦耐劳打工赚取高薪，仍然等于把钱藏在床底下。

相对地，朴敏贤把存款花光，通过英文检定后，大学毕业如愿进入韩国排名第一的跨国企业，起薪是戴维的两倍。

未来10年，谁有武器在战场上杀敌，不言而喻。

懂得把钱当子弹用的人，才能活用金钱，让有形资产与无形资产同时“利滚利”。

当然，发射子弹也要设定目标，瞄准标靶，才能活用得当。

想想看你的目标和需求，若你想拓展自己未来的路，可以把钱投资在学习、进修、考取证书；若想积极理财，也可以开始投资基金、股票、房产等，让资产动起来；或者投资一套质感好的名牌西装，在重要场合提升个人形象，都比血汗钱被时间蛀光来得划算。

总之，规划好你手上的资源，有目标才不会乱枪打鸟，不只能避免浪费子弹，还有可能发挥“魔术子弹（Magic Bullet）”的效应。当你的子弹匣已经变成军火库，随时支持你上战场，你就能拥有未来30年的竞争力。

我看过很多人习惯把钱藏在床底下，反而让自己越来越安逸，躺在家里巴望着退休那一天的到来，可是一旦危机突然来临，他们很快就被淘汰，最后一无所有。

工作10年以后，你想当职场上的顶尖杀手，还是被人干掉的那个可怜人，取决于你有没有把钱当子弹运用的眼光。

否则，遇上几只鼠辈，就足以让你一夕之间两手空空。

20. 钱对没竞争力者来说，只是手铐脚镣

人的一生充满了机会，却常常有人被金钱限制住视野，断送了自己的机会与前程。

就像为了吃到狗笼里的骨头，把自己关进笼里的呆狗，忘了外面的世界还有更多的山珍海味。

某个跑财经新闻的朋友就跟我分享一个案例，有一名年轻的总经理特助，因为很幸运地跟到了一个业界有名的老板，得到的薪资待遇比一般的公司好。

由于他聪明机灵、处事圆滑，老板有意栽培他，经常把重要的项目交给他负责，也帮他建立了高层的人脉。

可是，这个特助却利用特权报假账，浮报交际费、差旅费等中饱私囊，甚至连厂商回馈赠送给企业客户的手机、家电等，他也私下收归已有，吃相颇难看。

后来特助的恶行终于被揭穿了，清查公司账册后，

检察官发现他家里的名车，竟然也是利用公款贪污来的。人们都觉得他可恶，应该被打入大牢。

但我想他更可悲的是，他本来可以有一片天，却因为被钱绑住，做出降低自己格局的事，即使有一天他能重返社会，仍然是个被捆住手脚、毫无竞争力的人。

对没有竞争力的人来说，钱就只是手铐脚镣，反而会妨碍自己。因为一棵树而放弃一片树林、因小失大的例子，实在不胜枚举。

我有个企业家朋友说，他有一个开公司的年轻晚辈，与客户发生财务纠纷，为了节省律师费，便来拜托他，希望能通过关系得到免费法律咨询。

于是，这位企业家就帮他转介了一位律师朋友，但这个年轻晚辈连咨询的电话费都不肯付，竟然要求律师自己拨电话给他，还通过手机咨询了一个多小时。

律师对他这种不上道的处事方式感到相当不悦，回头向我朋友表示，不愿意再帮他了。结果这个年轻人打输官司，让自己的公司损失了几百万元。

还有一个案例，某个台湾自创品牌企业，在30年前，旗下商品就已成功营销全球，年营业额高达美元7500万元（按当时汇率换算约新台币30亿元），可以说是当时台湾地区最厉害的企业了。

正当公司发展如日中天时，却因为与同业某个国际品牌争夺商标权，与对手打遍全球官司，耗时20多年，花掉20亿新台币的诉讼费。

经营者因为全心投入官司，未能专心经营事业，只好将市场拱手让人，如今营业额大不如前。

事后这位经营者感慨地说："如果能重来一次，我绝不会因小失大。"当初，他只是不甘心已经投下的营销费1000万美元，才执意想打赢官司。

事实上，他若选择修改商标，全心经营品牌价值，在市场上还是大有可为的。最后却为了1000万美元，放弃年营业额7500万美元，甚至公司未来的30年。

即使履历再好的人，如果对钱的认知不正确，都有可能犯下这种听起来可笑、却残酷无比的错误。

英国哲学家弗朗西斯·培根（Francis Bacon）曾说："金钱是好的仆人，却不是好的主人。"其实，重视金钱没有错，但有高大格局与正确眼光看待金钱的人，不会碍于眼前的利益，而成为被钱捆住手脚的奴隶。

我有一个亲戚，在法国学做面包出师之后，自己开了一家面包店。不过，开始营业前几个月，因为知名度还没打开，业绩不是很好。

同业朋友就跟他说，可以使用香精降低成本，这样不仅可以减少每天的营业亏损，还可以更快回本。

虽然金钱的诱惑很迷人，但这与他所学的专业与创业初衷不符，所以他没有采纳，还是辛苦地硬撑下去。

后来，食品业陆续出现许多食品安全问题，引起消费者的重视。我这个亲戚坚持的天然原味理念，终于被人看见，业绩在开业两年后不但回本，还有餐饮集团捧着一大笔钱来投资他。

有竞争力的人，不会被钱捆住手脚，把自己逼入终身监禁的绝境。若能够超脱这个障碍，10年后，你也有机会把自己打造成名牌，这就是对钱有正确认知的竞争力。

21. 如何用钱驱动众人来为你提供资源

有一次，我的一个年轻同事家里的水龙头坏了，他为了省下水电师傅的工钱100元，于是买了水龙头打算自己安装。

没想到他太高估自己的能力，不但水龙头装不上去，还让家里因此发生水灾，只好请一天假收拾残局。

由于他的年休假早已用完，就跟公司请了事假，要被倒扣日薪1200元，加上全勤奖金1500元，算算损失共计2700元，还没把水灾损坏的物品成本算进去，这个算盘怎么打都不合算。

“免费的最贵”，记得当时我送给他这句话，希望他能从这件事中吸取教训。其实，现在有很多年轻人都跟他一样，因为太看重钱，什么事都想自己来。

像这样摆脱不掉穷忙性格的人，不懂得如何用钱获取资源，最后总是落到什么都做不成的下场。

相对地，有钱人绝不会自己修水龙头，不是因为他们比较高贵，而是他们比较会打算盘。

与其省下100元，花10小时做自己不擅长的事，他可以用同样的时间，发挥自己的专长赚进更多的钱，当然要选择花钱请专人帮他解决问题。

但是，没有竞争力的人，往往不知如何用钱驱动众人，来为自己提供资源，反而错失很多机会。

曾经听我朋友说，他的表弟在筹备窑烤比萨店时，为了节省成本，从找店面开始，所有筹备工作都自己来。

除了他自己擅长的原材料采购以外，连店面装潢、菜单名片设计、营业执照申请等，也不假手他人。

听起来好像他是个全才，不过就算是全才，一天24小时根本不够用。蜡烛多头烧的结果，店还没开他已经耗掉半条命。

原本预计筹备期是两个月，竟拖了4个多月才完成。而他3个月前已经租好的店面，也闲置在那里。

更惨的是，就在他筹备期间，大街对面已经开了一家同性质的比萨店。等到这个表弟的店开张，对手已经营业一个月了。

事后我帮他核算过，他“事必躬亲”省下来的钱，扣掉房租、延后营业的损失等时间成本后，加上错失的商机，可以说还没开业就先亏了。

美国钢铁大王安德鲁·卡内基（Andrew Carnegie）也曾说：“事必躬亲或者占尽功劳的人，成不了大事。”

在当今竞争这么激烈的环境，很多事都要掌握“兵贵神速”的原则，才有机会赢过对手。就像古代出兵时，若不迅速抵达目的地，快速抢下战功，不但不能赢得先机，所耗掉的时间、人力、物资补给等都是成本浪费。

也有年轻朋友说，比起用钱驱动，用人情驱动不是更“便宜”，这又落入了另一种对钱错误认知的迷思。

有时候，用人情驱动的缺点多过优点，因为资源是“拜托”来的，人家还有既定的工作项目在进行，你很难控制进度和绩效，万一对方做得不好，你也不好意思再多要求，白白欠下一堆人情债，成本都在你看不到的地方。

所以用钱驱动专业的众人，能提供给你更多资源之外，你也能集中火力，做自己擅长的核心事务，让事情进展得更顺利。

在这个过程中，你还可以学到如何“授权”与“验收”，这些都是趁年轻时，需要培养的能力。

有竞争力的人，会懂得权衡轻重，把力气用在高效益的地方，让众人为你办事，而且大部分会这样做的人，最后都能成为有钱人，甚至在经营企业时也能顺利成功。

例如，苹果公司就曾以外包的方式，驱动设计公司提供点子，设计出一些成功产品。另外，像可口可乐这样的国际集团也通过合作，将产品的执行计划外包出去，驱动当地制造商提供资源。

靠自己一个人的力量，只能造出小木舟，拥有众人的资源，才能造出泰坦尼克号。一个人格局的大小，从这里就可以看出来。

没有具备这种用钱格局的人，只会不停把苦差事揽在自己身上，累苦了一生也赚不到多少钱。

22. 在对的时机花对钱，它的CP值才会最高

我有一个事业有成的朋友许大哥，平常为人慷慨又讲义气，在朋友们眼中是大哥级人物，每次跟朋友或同事部属去吃饭，他总是习惯性地付钱请客。

许大哥认为只要自己付得起，大家开心就好。而习惯被他请客的朋友，久而久之，也觉得吃他的、喝他的是理所当然。

有些晚辈遇到月底缺钱花，也会来找他借钱，等领到薪水该还钱又拖拖拉拉的，占尽了他的便宜。

直到有一次，一个久未谋面的老朋友来找许大哥，两人一起吃饭，他照例请客出了这顿饭钱，没想到这位老朋友竟然感动得潸然泪下。

原来，这位老朋友工作不顺利，已经失业快一年没有收入，连吃饭都成问题了，走投无路之下，想要来找他借钱，但又开不了口。

老朋友看到许大哥如此慷慨招待，相较平日遇到的那些冷嘲热讽的脸色，他感慨地流下了眼泪。

许大哥听到朋友的情况后，便借给他一笔生活费，帮他渡过难关。

五年后，这位曾经山穷水尽的朋友，从网络拍卖找到商机，终于从谷底翻身。

他想起当初，要不是有许大哥借他的那笔没有借条的借款，自己不可能重新站起来。于是他把本金自动加上利息之后，如数奉还给这位“一辈子的恩人”。

许大哥很感叹地跟我说，同样是花钱请客吃饭，有人只想占尽便宜，有人却会感恩一辈子。

我想，这就是在对的时机花对钱，它的CP值才会更高的道理。

26岁的茱蒂在一家洋酒贸易公司工作，因为她平时很爱打扮，每个月都会添购几件衣服赶时髦。

可是她的薪水扣掉房租和基本生活费，剩下的钱已经不多，因此她都专买一些地摊小店的“超值”服饰。

某年，国外酒商要举办世界年会，老板决定派她一起去法国参加古堡晚宴，同事们都很羡慕她，可以代表公司站上国际时尚舞台，搞不好还能遇到高富帅的法国贵族。

但茱蒂却非常苦恼，因为她打开衣柜才发现，一两百件衣服竟然没有一件衣服能上得了大场面。

有句话说：“付出价钱，未必得到价值。”茱蒂在花钱方面，从来没有考虑过时机的CP值（Cost Performance Ratio，性能价格比），常把钱花在不对的时间、地点或对象上。

偏偏年轻人最应该建立这种用钱的认知，因为薪水不多，你的金钱子弹很有限，等到时机来临却没子弹可以用，机会就像是不会等你的高铁，“咻”地过去就没有了。

我看过一些年轻人，偶尔跟老板与客户在高级餐厅用餐，由于见识太少而显得自信不足，很容易就露出一副不自在感，甚至在重要场合出了糗。

年轻人，与其三天两头花钱去跟同学、朋友吃饭唱歌，不如省下一些钱，偶尔去一次米其林餐厅“实习”当个有钱人，也是一种增长见识与提高社交能力的方法。

前者是纯粹花钱娱乐，后者则能培养职场竞争力，

CP值的层次不同。

而当你在经营个人事业或投资理财时，应该要有这种看准时机花钱的格局，把钱的CP值放大了，即使多花一些钱也不算浪费。很多有钱人都是平常不会乱花钱，但是机会一来时，花钱绝对不手软。

像经营之神王永庆一生简朴，一条毛巾用了几年也不轻易换新的，但他投资在事业上的金钱规模却以亿元计算，最终造就了68亿美元的财富。

不甘于一辈子当薪贫族的你，若能学会把钱花在对的时间、地点或对象上，你的竞争力CP值就能高人一筹，进而帮助10年后的你，赚进一座金山银山。

到时候，想买名牌包不用先看标价牌，喜欢就包起来，因为你知道，它会在对的时机，帮你的人生创造更高的价值。

第六种竞争力

洞察人事成败的布局能力

23. 失败者只会用人，成功者则是用对人

“用对人，做对事”不是只有主管才需要懂的道理，如果你不甘于停留在原地，就要趁早学会“用对人”，让“对的人”帮自己更快地进步。

或许现在你还未当上主管，并没有面试人的权责，不过，你每天工作上接触到的，却有形形色色的人。

他们可能是你的资深同事、菜鸟同事、助理、上下游第三方，甚至是楼下的警卫大叔等。

有句话说：“一样米养百样人。”只要是人都有不同的个性和优缺点。

如果对于公司或客户指定的第三方，你没有选择权，而对于办公室里的其他同事，你也没有生杀大权，那么，当你遇到觉得很“难用”的人，你能拿他们怎么办？

有些年轻朋友跟我说，他们会向主管抱怨，或

是跳过这些人越级报告，再不然就是干脆自己做。其实，这些方法都只停留在“用人”的层次，注定落入职场失败组。

有竞争力的人，能以主管般识人的思维，用对的方法和其他人工作，让自己提升到更高的层次，这就是“用对人”的策略。

有个朋友跟我分享过一个经验，过去他在某个汽车经销商的客户服务部门工作时，部门的业绩来源除了基本维修保养，汽车美容零件销售也是重要的营收来源。

但是他发现，有维修技术背景的男性专员绩效（包括他自己）反而不如没有技术背景的年轻女助理。

原因在于，汽车美容配备属于非必需品，有技术背景的人内心也摆脱不了这种想法，在向客户推销时，难免会表现出消极的态度。

而不懂修车技术的年轻女助理，因为眼中只有业绩奖金，反而能没有包袱地积极宣扬商品优点，成交率便提高。

所以，我朋友就把这个项目的销售任务交给女助理，自己则负责后续的技术咨询支持。借由这样的布局，3个月后，他的业绩竟然增长了两倍。

管理大师彼得 · 德鲁克（Peter Drucker）曾说：“用人不在于如何减少人的短处，而在于如何发挥人的长处。”

不过我认为，有时候反向思考，利用人的弱点或地雷来达成任务，也可以得到正面效果。

28岁的詹姆士在业务部工作，部门里有一个行政助理小玲协助大家处理文书庶务。小玲虽然做事很细心、条理分明，却爱钻牛角尖，有时候交给她一个简单的整理资料工作，她会反问许多问题，追求精确的程度让人有吹毛求疵的负面感觉。

詹姆士常常被小玲问不完的问题搞到很毛，干脆什么都自己做，宁愿把自己累死，也不让小玲做。

其实，如果詹姆士有识人的能力，便可运用小玲钻牛角尖的弱点，把比较复杂、难度较高的数据分析工作交给她，而不是把助理的工作收回来自己做。

失败者只会用人，成功者则是用对人。不论是用人之长或用人之短，都是一种人事布局的能力。当你有此能力，就具备了领导者的格局高度，能为自己的未来成功布局。

总之，拥有看人的眼光和识人的精准度，不但是成功者的特质，也是一种炼金术。

看懂性格特质类型，学会用对人

性格类型	优点	缺点
支配型	企图心及行动力强，喜欢控制，决断力高，只讲重点，重视结果	有时过于专断，喜欢发号施令，避免在公众场合与他唱反调
表达型	热心乐观，口才好，表现欲强，需要舞台，擅长建立团队人际关系	跳跃性思维，无法顾及细节，过于乐观，执行力较差，不擅长精确的事务
耐心型	行事稳健，温和善良，有过人的耐力，面对困境都能泰然自若	很难坚持自己的观点迅速做决定，不愿处理争执，有时会被误以为懒散
精确型	保守谨慎，务实理智，处事客观，忠于职责，擅长分析，精确度高	吹毛求疵，多疑，应变能力较低，重视规则，给人较无情的感觉
整合型	处事圆融，应变力及适应力良好，擅长整合内外，是天生的谈判家	善变，个人立场不鲜明，有时给人没有个性或没有原则的印象

24. 人脉和人力资源，是需要布局的

20岁就懂得布局的人，30岁以后就能在职场上步步为“赢”；否则，你不只要步步为营，一不小心还可能满盘皆输。

就像世界棋王争霸赛，高手每走一步棋，已经为接下来的10步棋布好局。而职场上也一样，现在你所走的每一步，都是为10年、20年后布局。

有报道指出，全球最大的专业社群网站LinkedIn推出了大学专页（University Pages）服务，为全球每所大学提供专属的社群页面。

这些社群专页可不是拿来打卡点赞的，以美国斯坦福大学（Stanford University）为例，通过它的大学专页，你可以看到有多少校友在Google工作，以及从事工程、产品管理等不同领域的人数比例，还会显示该校校友的LinkedIn会员名片。

如果你想进一步认识某位毕业于斯坦福大学的Google工程师，只要在他的网页名片发送邀请，当对方也愿意和你建立关系时，你便多了一个网络上的专业人脉。

这项名片功能推出时特别受人关注，因为对于有心为将来职场布局的大学生，这等于替他打开了一扇门，让他还在学校时，就能开始部署未来的人脉网络。

可惜的是，现在有很多年轻人仍然短视近利，只和眼前有利害关系的人来往，没有觉悟到布局的重要性。

有一回，我任职的公司准备搬家，看到有一位年轻同事在整理他的物品时，他的纸篓里竟然丢掉了很多名片。他跟我说，这些人都只有一面之缘，交换名片后就没再联络，已经用不到了。

我告诉他，其实他丢掉的不是名片，是PRADA西装、百万年薪和价值上千万的房子，这些都是很值钱的人脉资产，但因为他没有去布局，才会“用不到”。

成功的业务员一定很能体会这个道理，他们知道即使客户现在没有需求，却不代表未来没有。

所以他们懂得要“养客户”，定期问候，分享生活情报而不做推销，等到客户有需求时，便会第一个想到他，这就是一种“布局”。

即使你不是从事销售业务工作，想在职场上“升官”、加薪步步为“赢”，你的人脉和人力资源也应该花时间去布局。

等到10年后，你在工作上要独掌大局时，拥有人力资源就变得很重要。

我同事有一个企业家朋友，有一次要与对手竞争并购某家企业，因为金额相当大，若出价过高会影响公司的年度财报，若出价太低失手的话，不但公司股价会下跌，股东也会施压，他的总裁位子将不保。

而这家待并购公司背后的股东，其实是政府单位，于是这位企业家便找了某位政界人物居中协调帮忙，最后果然顺利胜出。

我同事问这位企业家，他是不是付出了相当的“代价”，才让这位政界人物愿意出手相助的。

没想到他微笑地说：“代价是21张卡片。”

原来，这位政界人物是企业家在大学时期的社团同学，连续20年来，企业家每年都会寄卡片给他，以维持情谊。

20年后，这位同学已经成为活跃在政坛的人物了。以布局的观点来看，这位企业家部署了20年，直到第21年才运用。

想想看，你有多少学生时代的同学、打工的朋友、离职的同事和主管、聚会里一面之缘的长辈，厚厚的一本名片簿，未来30年都可能是你的贵人，但你是否有下功夫去布局?

机遇可以创造，贵人也可以用布局招来。像某位外商银行总裁，20多年来和无数的企业客户吃饭，他会自己下厨请客户到家中做客，餐桌上谈笑风生却很少谈生意。

之后等到真正要做生意时，案子总会顺利到手，这就是他采取的方式，分阶段布局和客户的关系。

具备长远眼光的人，懂得在各种领域布局，没有利益为前提所维持的关系，更能深厚久远。

而当你拥有布局这项竞争力，你的身边便到处都是随叫随到的资源，一通电话换取20亿新台币的商机，也不再是天方夜谭。

25.为每个同事和客户，制作红利地雷表

有一回，我朋友的公司拿到了一个新客户，这是一家日商传统产业企业，由于它的大老板想要有所革新，所以终止了合作十几年的第三方，由我朋友的公司取得合作权。

我朋友说，第一次与客户正式开会时，他正准备提报新年度的广告预算规划，没想到，客户端的部长老先生一看到企划书的预算表，就皱着眉露出不耐烦的表情。

朋友见状便询问原因，是不是企划内容有哪里不满意。部长老先生带着指责的语气说：“这不是预算规划表啊！怎么会这样写呢？”

大家听到当场都傻眼了。事实上，这些内容的确是“预算规划表”，而且这样的企划书形式，在对其他客户提案时，也没有发生过任何问题。

这时，客户端的年轻专员出面缓和，并帮忙沟通，我朋友才搞清楚，原来老部长十几年来都习惯同一种企划案形式，从来没看过别家公司的企划案，所以在他眼中，新版本就是错的。

我朋友在第一次会议就铩羽而归，只好顺应客户的旧习惯，调整了企划案形式，之后的会议才得以顺利进行。

对这位老部长来说，要改变他的旧认知等于是踩到了他的地雷，因此，为了避免不必要的麻烦，我朋友只好绕过这个雷区。

听完朋友的故事后我告诉他，其实有一种全面性的布局方式，更能为他的事业趋利避害。那就是，为每一个同事和客户，制作红利地雷表。

如同之前所提到的，在职场上，每个人都应该把自己当成自营商（个体经济），而客户、同事这些对象都属于你的经营范围，你要先摸清对方的优缺点，然后再个别列出潜在损益。

对自己工作有帮助的就当作红利，累积越多越好；如果是地雷，一碰就会产生不必要的折损，就提醒自己尽量避免。

制作这样的红利地雷表，并不是要算计谁，而是透过理性分析更了解你的同事和客户，为自己做好人事资源的布局。

我以前有个客户，每次早上打电话跟她联系工作时，她的语气总是不太高兴，这时候讨论事情也都没有好结果。后来我知道了，原来她的地雷是有“起床气”，我便提醒当时的主管，以后我们都避开早上跟这个客户开会。

像这些个人的缺点地雷，你都可以列入潜在损益里，调整自己的工作模式，趋利避害。同样地，每个同事或客户能提供给你的“红利”也不同，如我那位客户虽然有情绪地雷，但她的决策能力强，上司非常信任她，通常案子要往上呈报时，有她协助便能很快签下预算。

当你分析过对方的优点，善用这项红利，就能对你们的合作关系产生帮助。

曾经有个年轻朋友跟我抱怨，有位同事老爱在开会时插嘴抢别人的话，常常踩到他的地雷，在办公室遇到跟自己不对盘的同事，他实在很痛苦，于是我建议他，为同事制作一张红利地雷表。

后来这位年轻朋友跟我说，他制作了表才发现，原来这位“插话哥”给他的红利还不少。因为这位“插话哥”号称“搜索引擎”，特别知道去哪里收集信息，也曾经热心帮他收集同业小道消息、网络论坛意见和国外产业新知等，让他工作省力不少。

而这些红利最后也都回馈到他的绩效考核上，甚至有些项目奖金，还要感谢“插话哥”的义务协助才能拿到。

此后，这位年轻朋友通过红利地雷表的分析和记录，更懂得如何运用他身边的人事资源。

雷德·霍夫曼（Reid Hoffman）在《人生是永远的测试版》一书中提到，职场上的“专业交情”跟友情不同，在共事关系中，常存在着竞争与利益冲突，因此更应特别经营。

事实上，若你有评估人事资源损益的能力，懂得适时兑换这些“红利回馈”，不只能拿到比别人更多的额外“分红”，在升职加薪的路上，减少地雷障碍，而且运用得当的话，地雷也有可能变金砖，向你加倍奉还。

26.再亲密的战友，也要留三分风险评估

曾经有一个案例是这样的，任职公关公司的小美，有一天下班后，与同组的同事一起去聚餐唱歌。

由于连续完成了几个重大案子，大家已经培养出默契和革命情感，聚会中大家玩得很疯，酒酣耳热之际，有同事开始抱怨起他们的主管，小美不但加入话题，还透露了主管的一个秘密。

没想到隔天她到了公司，就被主管叫进去问话，主管直截了当地说出昨晚的人、事、时、地、物，责备她不应该如此大嘴巴，身为公关人员应该谨守道德规范，甚至还说要重新评估小美的专业能力。

失去了主管的信任，小美百口莫辩，至于其他人当时说了什么，已经不重要了。显然有人背叛了她，但小美找不出证据，也不想再扩大此事，只好默默吞下闷亏。

两个月后，那晚聚会中与小美同期的某位同事，被提拔擢升上了经理，小美实在很难不将这两件事联想在一起。

职场上，背叛与被害事件层出不穷，比300集的电视长寿剧还精彩。不过，还是有很多人自认为“应该不会发生在我身上”，殊不知人性的弱点，总是很难通过生存利害关系的考验。

江湖中盛传这样一句话：“敌人变成战友多半是为了生存，战友变成敌人多半是为了金钱。”

职场上，千万不要完全相信一个人或一个团体，明哲保身才是王道。无论你的工作性质单纯或复杂，公司规模大或小，你和你的战友再亲密，也要留三分风险评估。

有句话说：“我不犯人，人犯我。”这算是普通级的层次，因为你不犯人，所以你还站得住脚，可以做好风险处理。

另一个层次是：“我白目（说话不留心眼）而犯人，人犯我。”小美就是这种类型，不懂得给自己留三分保险，你白目，别人也救不了你。

而最完美的境界，则是要能做到“我不犯人，人犯不了我”，但是要如何才能做到?

以我行走江湖多年的经验，归纳出一个法则可以供大家参考，那就是：做人做事一定要守住“三七分原则”，既可以自保又上道。

例如，大家在抱怨老板或主管时，即使你也有同感，也只能表达三分同意，给自己留七分的余地。但也不要完全不抱怨，否则会显得很矫情。

反之，当你真心想要称赞老板或主管，只要表达七分就好，以免这些话被有心人拿去炒作，变成你逢迎拍马的证据。

另外，你手上工作的进度、客户的秘密、自己的想法等，也不该轻易泄露，再怎么信任的对象，你都要有所保留才保险。

过去我在前公司工作时，有一回隔壁组的同事工作做不完，主管请我帮忙，至于怎么分工则让我们自己商议。

其实，以我当时的状况是可以完全接手的，但我考虑到自己可能有新工作会进来，所以我允诺只能帮忙分担七成的工作量，同时也呈报主管我们的分工方式。

果不其然，三天后我接到了新任务，当晚我留下来加班时，发现这位同事已经早早下班了。

直到工作截止日期到了，我依约把完成的工作交出去，而这位同事竟然还没做完。主管追究原因，同事却说都交给我了，我答应他会全部完成。幸好主管没有昏头，还记得我的呈报内容，当场拆穿他的假面具。

年轻的时候，学会人事的风险评估也是一种竞争力。即使你认为自己在公司里的角色，只是无害的“小动物”，也不能保证你不会成为背黑锅或垫背的牺牲品。

美国标准石油创办人约翰·洛克菲勒（John Rockefeller）曾说：“处理人际关系的能力，同样是一种能够购买的商品，跟糖、咖啡并没什么不同。我愿意购买这种能力，为它付出比这世界上任何东西都更为高昂的代价。”

如同洛克菲勒先生的这番体悟，要是你没有评估人事风险的能力，一样会付出高额的代价。

希望你别等到自己被偷偷卖掉，看着别人升职发财还帮他鼓掌，才知道没有这项能力有多惨。

TIPS TOP
职场风险评估——三七分原则

第一，对老板、主管的抱怨，透露三分就好。

绝不要主动向同事抱怨老板，若听到同事抱怨，只要附和三分就好。因为你完全不表态会显得虚假，但附和十分，小心同事日后陷你于不义，如果真想抱怨，就跟家人或朋友说吧！

第二，对老板、主管的称赞，表达七分就好。

老板再怎么令你赞赏和崇拜，也只能对同事表达七分。避免引起同事过度联想你和老板的关系，或是把你归类为马屁精一族，对你画出一道防线。

第三，同事拜托的事，保留三分余地。

帮忙同事时，不要答应得太满，以免遭有心人暗算，给你穿小鞋。有时候还会搞得要收拾烂摊子，更损失自己的信用，或是变成有求必应的滥好人，迟早被掏空。

第四，不要泄露自己的想法。

职场上，你的想法就是你的生存价值，比如你未来想要坐到总经理的位置，或是你正要接受一个跳槽加薪的机会等，都不要轻易透露。对于别人的想法，也只相信七分就好。

第五，不要泄露客户的秘密。

再亲密的战友或亲朋好友，跟你打听客户的事情，也应该谨守商业保密原则，因为你不知道对方的亲朋好友是不是客户的对手，明哲才能保身。

第六，不要泄露工作进度。

你手上正在进行的工作进度，对外要保留三分真七分假，以防竞争对手掌握你的进度，让对方有机可乘，造成公司团队的损失。

27. 三教九流的圈子里，最好都有你的伙伴

我朋友跟我说，有一回他和几个同事，代表公司参加第三方的酒宴，他们被安排跟不认识的厂商代表坐在同一桌。

我朋友发现同行的一个年轻部属，席间只跟同事聊天儿，不然就是跑去别桌找认识的同业朋友交谈，却不跟同桌的业外人士交流。

趁着空当我朋友提醒他，在这样的场合不应该这么封闭。他却告诉我朋友，因为不是同一个圈子的，没有共同语言可以聊，反正工作上也无须接触这些“三教九流”。

听到他有这种想法，我朋友认为他连三教九流都算不上。因为只跟同业来往的人，交朋友只看眼前利益，表面上好像在业界很吃得开，但往往等他真正需要外援时，才知道自己的资源少得可怜，未来能发展的事业格

局，也绝对有限。

事实上，眼光狭隘的他并不知道，同桌的这些“三教九流”可都是卧虎藏龙的人物。

像其中一个不起眼的玻璃工厂阿伯，是握有国际品牌千万美元订单的老板。而另一个长得像黑道人物的老总，年轻时曾经误入歧途，中年才开始创业办印刷厂，聊起人生故事总是精彩有趣。

我朋友便奉劝这位年轻人，朋友不分贵贱，三教九流都有值得结交的朋友。从他们身上能学到30年人生历练的浓缩精华，不但可以开阔他的社会视野，广结善缘，更能帮助他在各界布局人脉，让自己增加10倍竞争力。

我也曾听过一个企业大老板说，如果你想要以后成为主管或老板，到时候你接触到的人也会是三教九流的人。所以，在三教九流的圈子里，最好都有你的伙伴，而且不用多，有一个关键者就好。

我有一个亲戚，多年前公司派他去外地设厂时，他事先打听了当地的状况，花了钱打点各界人士。

不过，后来还是因为不熟悉法规，遭到当地政府机关审查，被勒令停工。这时候，花钱打理的那些人根本不管用。

我亲戚没想到，公司里有个年轻女助理，竟然认识当地的一位有影响力的人士，通过她居中帮忙，才让他过了这一关。

同事们都很惊讶，这位年纪轻轻的女孩一定来头不小。其实，她的家庭背景很单纯，但因为她个性海派，不局限交友的层面，所以五湖四海都有朋友。

例如，她去参加一个五天四夜的旅行团，认识了一对开设茶庄的夫妇，便从此成为超龄的莫逆之交。

日后她被轮调到礼品采购工作时，总是一通电话就能拿到质量佳、价格又优惠的茶叶礼品，让主管更想对其委以重任。

而她负责的业务规模，也从数十万扩大到数千万。几年后，她便升为集团的采购处处长，负责管理大中华区的采购业务。

我亲戚曾问她，三教九流不外乎是黑白两道或酒色财气之辈，越少沾染越好，怎么她能够打理得这么好。

她告诉我亲戚，会这样想的人，其实是把自己的格局想小了，如果你能以诚待人，在各行各业里，你一定能找到自己的良师益友。

的确，所谓的“人脉广”，并不是你认识多少人，而是有多少圈子的人认识你，并且把你视为伙伴，这才是真正的全世界都在你的势力范围内。

像我有一个邻居，之前趁着下班后的空当，去参加咖啡研习课程，他说同班里有会计师、工程师、冷气空调师傅、航空地勤人员、知名餐厅第二代、议员助理等各路人马。

能够一次交到这么多不同圈子的朋友，他觉得比咖啡相关知识的收获更大，而且学到他们的语言和想法后，让他往后在工作上更能应付各种状况。后来，他离开公司自己创业时，各方资源都纷纷自动出现，这也是他意料之外的收获。

所以说，身为上班族的你，最好要有洞察人事成败的布局能力，在三教九流的圈子里，都拥有一个关键伙伴，这样当你落难时，才有救生圈可用。

否则，住在井底连三教九流都算不上的人，溺毙了也没有人知道。

第七种竞争力

自我的欲望管理

28. 被瘾缠住的人，永远无法摆脱恶性循环的噩梦

有一则社会新闻报道说，某个坐拥上亿家产的富二代，他平时开名车住豪宅，家里有八栋千万以上房产，每个月光收租金就有几十万。

他却因为染上毒瘾，不但家里八栋房产卖到剩下两栋，代步的名车也抵押了。没车可开的他，竟然沦落到偷人家的摩托车，最后被逮捕入狱。

这位小开（富二代）落网后自白说，因为自己没有一技之长，无所事事才染上毒瘾，虽然父母每个月给他5万元零用钱，但买毒品根本不够用。

看到这则新闻的人，无不为他感到悲哀。这类被瘾缠住的人，就算含着金汤匙出生，也永远只能过贫穷的日子。

这让我想到，有一部描写毒瘾故事的电影《门

徒》，剧中有句旁白说："人为什么要吸毒？到底是找不到生命意义的空虚恐怖，还是毒品恐怖？"

很多人的瘾疾，都是内在为了逃避空虚、恐惧或压力，转而去寻求一种刺激来自我麻痹，大脑不停地接收到"奖励"，最后形成一种无法自拔的依赖。

只要大脑停止接收这种奖励时，身体便会发抖、呕吐、抽搐、产生幻觉等，严重者会觉得生不如死。而这个人下一次对瘾的需求量也会更高，失去了正常生活的能力，于是又找瘾来发泄，终究落入地狱般的轮回梦魇。

除了毒品，还有烟瘾、酒瘾、暴食症、网络成瘾等，亦是这种依赖性的逃避行为，一旦沾染沉迷的人，机会来了也上不了车。

以前我的同业中，就有一位非常优秀的前辈，因为工作的关系，长期处在高压之下，因而整天烟不离手。

他可以三餐不吃饭，却不能三分钟不抽烟，手上没点一根烟还会发抖，终于因为得了肺癌而离职休养。

养病期间，他没有工作烦心，也就不再抽烟了，可见他是可以不抽烟的，但无奈地，最后他还是被瘾拖累，永远离开了他最爱的职场。

另外，有一项职场调查指出，三成的90后认为，如果公司禁止在上班时间使用脸书（Facebook）等社群软件，他们就不想去这些公司上班。

这些人宁愿舍弃职场就业机会，也不愿意一天戒断八小时不上社群网站，就像是机会巴士来了，自己却不肯上车，他们的竞争力也只能徘徊不前帮别人点赞。

还有一项关于网络成瘾症的研究也发现，在线游戏练功升级的快感，犹如毒品刺激，是此类成瘾症中最危险的。像这类隐藏在生活中的小瘾头，正在一点一滴地吞噬年轻人的竞争力。

我曾听过一位精神科医师分析指出，有些外在快感的瘾，会不停刺激大脑中主掌深层记忆的海马回（Hippocampus），使这种快感被大脑记住。只要这种快感消失了，大脑就会想尽一切办法，极度渴望得到这种感觉。

这或许可以解释，社会新闻中常见的各种赌鬼、酒鬼、毒虫、淫虫等，为何会玩儿完自己的人生。

而除了这些致命的吸引力，有的人是连购物欠卡债，也会快感成瘾，巧取豪夺一个人的钱财。

有个经营精品店的朋友告诉我，她有一个客人每个月都来买很多名牌包和衣服，但有一回她到客人家里做客时发现，竟然有好多之前跟她买的精品，都堆在尘封的角落，连购物袋胶条都没撕开过。

好莱坞电影《购物狂的异想世界》就是描述这样一个购物成瘾者的故事的。

女主角的工作是商业杂志的财经专栏作家，专门教读者如何理财。讽刺的是，下班后的她，却是个无法摆脱欲望的购物狂，财务管理彻底失败，还被讨债公司到处追债，最后也丢了工作。

这种购物瘾带来的恶性循环，就像信用卡的循环利息一样，永无脱身之日。

当然，好莱坞的电影多半以喜剧收场，故事最后她终于能戒掉购物的瘾，也才有机会与帅哥谈恋爱，还有时间去进修，重新拾回职场竞争力。

其实，我也认为没有任何瘾是戒不掉的，想要有竞争力的人，就要用尽你的意志力，或寻求专业协助，把瘾一个一个戒掉。

我听过一个戒酒分享会的人说，他在戒酒过程中很痛苦，简直像被蚂蚁咬般难以忍耐。不过戒掉之后他发现，一天中竟然多出了五六个小时的清醒时间，可以去进修、去做好多事，布局自己的事业。

唯有身心自主，才能超越别人。摆脱这些大瘾小瘾的纠缠后，当同伴还被瘾铐在地狱底层、渴求虚幻快感时，你已经能坐在波音飞机的头等舱，品尝香槟，享受成功的快乐。

TIPS TOP
大脑奖赏机制——多巴胺

多巴胺（Dopamine）是一种神经传导物质，是用来帮助细胞传送脉冲的化学物质。这种脑内分泌物主要负责大脑的情欲、感觉，传递兴奋及开心的信息，也与上瘾有关。

有专家研究指出，爱情就是脑内产生大量多巴胺作用的结果。另外，像毒品这类外在物质，也会刺激大脑分泌多巴胺，产生过瘾爽快的感觉。

无论是爱情这类原始欲望，或是毒品、酒精等外在物质，都会刺激活化大脑的“奖赏机制”。

特别是外在物质方面，除了毒品，还有酗酒、赌博、安眠药依赖、网络、性爱成瘾、购物狂等，这些“瘾”都和脑中的奖赏路径（Reward Pathway）及心理渴求感（Craving）有关。

举例来说，假日购物浏览漂亮的橱窗，会让大脑产生大量多巴胺引起购物冲动，但是恶劣的服务，会破坏这种美好感觉，离开想购买的物品的售卖现场，也能避免多巴胺带来的冲动。

所以，如果有以上这些成瘾症困扰的人，可以寻求专业团体或医师的协助，通过对多巴胺的了解和控制，将有机会成功戒掉这些成瘾症。

29. 当你想更上一层楼，贪婪会拉住你的脚

先前有个新闻报道，一位高科技公司的高级主管，涉嫌泄露公司商业机密，并诈领设计费3000多万元，挖钱又挖人，导致公司遭受难以估算的损失，最后被判刑入狱。

这个消息一曝光，便引起社会大众的哗然舆论。因为这个“内鬼”，并非怀才不遇、受到不平等待遇，才做出这样的报复行为。

事实上，这位高级主管是深受公司重用的大红人，年纪轻轻就当上副总经理，年薪加分红超过3000万，不但是公司里的核心人物，更是众人眼中的明日之星。

几乎每年都升职、拥有大好前程的他，竟由于过度贪婪与不满足，误用自己的聪明才智，借自己的位阶之便，将公司的设计数据和销售数字等机密，偷天换日出卖给对手公司，还带领部属集体跳槽，准备与老东家对抗。

甚至窃取设计图打样的巨额样品费，也巧立名目由老东家埋单。可怜的是，他自以为天衣无缝，却因为太贪小便宜，连私下勾结对手的吃饭钱和机票钱也要报假账，才露出了马脚。

有句话说，钱财的枷锁是最重的。当你想更上一层楼，贪婪会拉住你的脚，不但让你爬不上去还会跌得很深。

无论一个人有多聪明上进，职务有多威风，大家有多看好你，只要你心中有个“贪”字，在你名字后面的那个头衔，就可能随时“人头落地”。

日前有一家上市公司，传出接班人人选之一的副总经理突然被迫退休，原因就是在同集团工作的儿子涉嫌贪污，结果连老爸更上一层楼的机会，也被儿子的贪婪拉住脚。

被欲望驾驭的人会向外贪，大则贪公司的钱，虚报假账、收回扣，或贪公司的车，当私家车用、揩油钱；小则连一包卫生纸、一支笔也想贪。而太在乎眼前利益的人，就会向内贪，对自己贪小便宜，这样的人往往容易因小失大。

我听过一个案例就是这样的，有一家公关公司的主任秘书，年薪待遇都不错，但她习惯对自己贪小便宜，比如，像打造自己仪容最重要的口红，也舍不得买好一点儿的，该对自己投资时总是很抠。

有一次，她随老板与国外客户洽谈合作案，当她在会议中喝水时，廉价口红沾到杯子上，这在国际礼仪中是非常不妥的，不仅有损个人形象，也会降低公司的格调与专业分数。

但是，这一幕被对方的秘书看到了，只见对方秘书和她的老板交头接耳、窃窃私语，之后，会议的进行就变得很不顺利。

原定这天要完成签约，对方却开始提出很多质疑。最后，客户竟以彼此公司形象与市场调性不同为理由，宣告合作失败。

这张1000万的合约，竟然毁在一支100元的口红上。主任秘书舍不得花1000元买好口红投资自己，这就是往内贪自己，失去竞争力也连带影响公司发展，岂不因小失大。

香港首富李嘉诚说：“贪婪是最真实的贫穷，满足是最真实的财富。”不被贪婪之心拉住脚的人，才能真正脱贫，也才有机会做大事。

曾经有一位企业经理人，被同业另一家外商公司高薪挖角，这家外商开出的薪水比原公司整整多了一倍，还给他更高的位阶，对于当时很想往上爬的他，实在令人心动。

但他审慎评估后发现，这家外商公司内部的人事问题很多，而且老板希望他达成的任务目标也是高难度的，以他当前的状况恐怕无法胜任，于是他婉拒了这个诱人的高薪邀请。

结果一年之后，那家外商公司就被并购，并大幅裁员。他庆幸自己当时没有太贪，稳稳地在原来的位子上坐了两年，后来也升到了他想要的位子，可以掌管一家子公司，名和利都有了。

宏碁集团创办人施振荣曾说，贪是人性，他自己也一样追求名利，但是要手段上不贪，才能贪图名利。

有竞争力的人，不做见不得天日的贪婪鬼，不会用贪的手段更上一层楼。只要知道如何管理欲望，你的名片就能越换越有价值，到时当你想爬上世界最高楼，也没有人敢拉住你的脚。

30.死穴越少的人，越有竞争力筹码

我听过一个记者说，多年前，某个富商被爆料包养情妇，而且这位情妇还是个小有名气的女模。

由于这名富商平日形象良好，如果包养的负面新闻以及情妇的身份曝光，不但会重伤他的形象，更可能导致公司股价下跌。

于是在新闻刊登前一天，这名富商打电话向媒体拦截新闻，表示愿意付钱买下报道。

这位记者说，其实这是情妇在幕后操弄，故意泄露给媒体知道，目的是想要逼他离婚拿到名分。所以，“嗜血”的媒体根本不会放过这个独家机会，对当事人穷追猛打。

而在富商的丑闻被踢爆后，接二连三的负面报道不断出现，像30年前他甩了初恋女友，娶了富家千金为

妻，也被冠上“陈世美”的恶名惹了一身骂名。

最后，这个事件重创他的企业的形象，公司股价不仅下跌，连销售业绩也明显下滑。

这类的新闻报道我们都已司空见惯了，但为什么还是层出不穷？我想原因无非是，这些人有太多死穴让敌人有机可乘。

举凡商界政坛，都有对手用死穴恐吓敌人的案例，比如贿赂、喝花酒、包养、贪污、侵占土地等，一个人的死穴越多，被斗垮的概率就越高。

同样地，当你进了职场，即便你不想跟别人争，对手也会来明争暗抢，或者当你手上进行的工作，影响到别人的既得利益时，也可能在不知不觉中树了敌。

这时，你的所作所为，如果有超出道德标准或见光死的违法情事，敌人往往会掐住你的要害攻击你。

我以前公司的隔壁部门，有个男主管就有死穴，是喜欢美色，当时他手下有个姿色不错的年轻女部属，有一次他们俩外出洽谈公务，男主管竟然在出租车上，摸了女部属的秀发，让她当时感觉很不舒服。

结果这件事被他的对手知道了，便刻意透露给老板，此后他就被列入观察名单，很久都没有升职。

同事们只要私下提起他，就会讲到摸发事件，直到他换了公司，“色眯眯”这个名号仍然被“传颂”着。

正因为他心存侥幸，以为没人会知道，到后来却要一路步步为营，生怕再被有心人“扒粪”。

这又让我想到另一个案例，曾经有个在某科技公司担任采购的年轻人，利用职务之便收厂商回扣。主管发现了，便立刻叫他走路。从此他被贴上贪污的标签，在这个产业混不下去了。

但是多年后，原采购部的前同事发现，他又在不同产业的某家公司“复出”，于是提醒那家公司的主管，要小心提防这个年轻人。他的主管为降低风险，就找理由把他开除了。

由此可见，有死穴的人，就像是身上的刺青或胎记，再怎么想切掉，还是会留下疤痕，一辈子摆脱不掉。

就算是20年前已经埋在“化粪池”里的秘密，也有可能被对手挖出来，等待时机赐你臭名，让你在业界的“生命指数”一点一点丧失，直到被KO（Knock Out的简称，拳击赛时把对方击昏或击倒时说KO，引申为“结束”的意思）出局。

所以，当你进入职场就必须记住，你的死穴多少，决定你的竞争力筹码有多少。

在你还年轻时，就应该懂得洁身自爱，不让欲望成为自己的弱点。当对手无机可乘，你的制胜概率才越高。

有个媒体的朋友跟我说，他的一个同业在某周刊工作时，曾经奉命锁定一个企业家，但他跟踪了3个月却一无所获，没有发掘到任何可以发挥的题材。

事实上，这位企业家的确以公益形象著称，除了热衷参加公益活动与运动，不抽烟、不喝酒又不近女色，实在没有“弱点”可以被攻破。

而这件事也在同业间传开来，反而让大家对他的评价更加分，也更稳固他在业界的领导地位。

总之，一个人只要行得正、坐得直，没有死穴可让对手利用，你手上的客户和业绩，就不怕被人明争暗夺，你也会得到上司更多器重，这都是让你能超越对手、升职加薪的筹码。

31. 你也可以调整自己大脑内的欲望清单

只有懂得调整大脑内的欲望清单，才能改变你的竞争力体质，否则，欲望可能给你带来不幸。

我朋友的主管自从去澳门旅行回来后，就迷上了赌博，他常常周末独自飞去澳门，不眠不休地在赌场里待上两天一夜，然后再飞回来上班。

因为他手头很宽裕，又想赢大钱，所以总是下很大的赌注，他听人家说，某座庙宇有求必应，于是每次出发前，必定去跟神明发愿。

第一次果然赢了几十万，回来之后便花大钱谢神，第二次出发前再去拜，结果那次大输几十万，回来后他又再花钱发愿。就这样，他把精神都耗在拜神、谢神与想当赌神的轮回里。

我朋友说，总结起来其实他根本没有赢到什么钱，反而更常听他说，怪自己运气不好之类的话。

但同一年里，这个部门的副主管开始去上EMBA假日班，我朋友默默观察，觉得再这样下去，这位主管可能就快被“干掉了”。

我认为，有些欲望，会耗弱一个人的竞争力体质，不过现在有很多年轻人，不仅没有警觉，还自我感觉良好。

像有些年轻人，常常贪杯酗酒闹事，在夜店喝多了一言不合就打起来，或是喝了酒还逞强开车，结果发生撞死人的悲剧，断送别人的生命也断送自己的前程。

这些欲望最后的下场，通常都为当事人带来不幸，所以，如果大脑被这些欲望驱使，一个人的竞争力体质，当然只会越来越差。

事实上，欲望并不是坏东西，它就像汽油遇到火花会引爆而产生能量，若用在不当的地方，就会爆炸引发灾难，但若是在引擎里，却能产生动力。

另外，也有脑科学专家提出一种理论，当你产生想获得某种事物的欲望时，在脑中输入这个想法，大脑就会启动一个机制，想方设法地实现目标。

也就是说，你也可以调整自己大脑的欲望清单，删除会耗弱竞争力的欲望，替换成能改善竞争力体质的欲望，让欲望驱使你成功致富。

我有一个年轻朋友，原本是个夜店咖，三天两头就去喝酒把妹，也常常跟女人惹出是非。

后来，他因为工作的关系，接触到了高尔夫运动，在陪老板打球的过程中，启发了他的兴趣。

他开始把欲望从夜间活动，转移到白天的球场上，他觉得在球场上认识的人，跟他原来的世界里的人很不一样，而这种不同，会促使他有上进的动力。

例如，他常常在心里想“我以后也要像他一样，有领导者的大气”，或是“我再努力一点儿，也可以买得起这种车”，因此工作的时候，他也变得比较积极。

听到他的分享，我很为他感到高兴，很显然，他的竞争力已经开始质变了，把欲望转移到能为自己增值的方向，就能令10年或20年后的自己，立于不败之地。

而谈到增值，有些有钱人的欲望清单便是玩古董，因为他们很清楚，这种欲望会增值，而喝花酒、玩女人则会让自己贬值。

另外，也有人把欲望投入公益，从帮助别人的过程中，得到奉献的满足感，像亚都丽致饭店董事长严长寿先生，成立了一个公益平台机构，从事教育相关的公益事业。这种大格局视野，就与酒色财气的欲望格局非常不同。

我认识一个中小企业老板，他年轻时的欲望清单是钓鱼，在薪水还很低的时候，就选择去河边或池塘钓小鱼，等到收入好一些了，就跟朋友一起租船去海钓。现在他自己开公司，有盈余之后，便买了一艘小游艇，一到假日就约三五好友出海去钓鱼。

我在他身上看到，优质的欲望会让人的竞争力成长，也因为有竞争力，才能让他满足更大的欲望。

所以，懂得调整大脑的欲望清单，能帮助你在工作上得到正向的动力，也能结交到创业伙伴，或是接触到同好中的大客户，为你带来增加业绩的机会。在你享受欲望的同时，还能让欲望为你的财富增值。

32. 当你能管理欲望，但敌人不行时，你就拥有10倍的竞争力

我侄女的大学同学安妮，毕业后因为不想留在家乡，她选择来台北工作，也如愿进入了一家外商公司。

安妮刚进公司时，发现同事们个个打扮新潮，每天都穿不一样的衣服，聊天儿的话题也都是去哪里弄头发、做指甲，让她这个乡下来的纯朴姑娘，羡慕至极。

等到安妮渐渐和同事们混熟了，好姊妹便常常找她去逛街，从买衣服、鞋子、包包到饰品，帮她进行“野猪妹大改造”。

没想到，安妮得到朋友们的称赞后，让她想变得更美的欲望也越来越强烈，于是更热衷把钱花在打扮上。

先前每个月领26 000元的她，扣掉房租等基本开销，还要汇钱回家给妈妈当家用。

谁知道，后来她欠了一堆信用卡卡债，就很少拿钱

回家了。更离谱儿的是，有一次安妮听到同事要做微整形，竟然不惜借钱也要跟着去做。

原本爱美并没有错，但这样毫无节制纵容自己的“物欲横流”，根本是一步步走向自我毁灭的前兆，安妮却还没有觉醒。

我想起有位女主播，因为抵挡不住自己的欲望，屡次接受富商赠送的名牌包、珠宝等贵重礼物，还做了富商的小三。

结果事情被踢爆后，她的名誉大损，因而丢掉了主播工作，从此消失在业界，再也回不到主播台了。

在职场上，有些人特别容易被自己的欲望奴役，就算有再好的工作能力，也只会让欲望吞噬掉自己的竞争力。

相对地，如果你懂得管理欲望，但你的对手和敌人做不到时，你就能拥有10倍的竞争力。

我以前有两个同事安迪和小吴，安迪本来是一个滴酒不沾的阿宅，自从他来公司上班后，小吴经常找他下班一起去喝酒。

本来大家喝点小酒，抒发压力调剂生活，也不是什么坏事。不过，安迪在小吴的带领下，竟然喝上瘾了。

安迪沦陷后，三天两头就泡在酒吧里，还跟这家酒吧的女服务生混得很熟，每个月上酒吧的次数，反而比小吴还多。

有时候，安迪跟小吴两人喝到凌晨才回家，隔天小吴照样9点准时打卡上班，可是安迪却没有办法做到准时上班，经常不是迟到就是请假，到了公司也无精打采的，甚至影响到工作进度，让其他同事很为难。

当他的个人欲望已经影响到公司的营运时，主管就不得不插手管了。于是，他的主管跟他讲明，给他两个月观察期，如果不能改善，就必须请他走路。

无奈到最后，他还是无法改善，主管只好让他收拾包袱走人。后来我听说，他继续过着糜烂生活，处于一直在换工作的状态。

而同样是喝酒娱乐，小吴却能自我管理得很好，他跟我说，他在白天工作时，想到今天下班要去玩乐，反而会提高工作效率，督促自己要掌握进度，以便能准时下班。

想要有竞争力的人，就要学会管理欲望，让欲望成为正向力量。

有年轻朋友问我，要怎么管理欲望？我认为，管理欲望其实跟管理时间息息相关，因为如果任由欲望去支配你的时间，就等于你被欲望绑架，既然被它捆住了，就当然管不动它。

之前有个新闻报道，在网络游戏开心农场流行时，有员工因在办公室“偷种菜”而被老板开除。连竞争力都被偷走了，又怎么会开心得起来，这就是被欲望奴役的下场。

想想看，你一天工作8小时，扣掉中间吃饭、午休时间1.5小时，其余的6.5小时，若能全部专注地投入工作，那就是最佳状态。

但我知道，有些人会不时逛逛购物网站，或看看社交网站朋友的动态，思绪被欲望拉扯，这样的工作绩效一定会让竞争对手偷笑。

曾有个不到30岁的年轻人跟我说，他以后要比别人早10年退休，然后去环游世界，我建议他，那就要比别人努力10倍。

其实，只要你能不被欲望奴役，你在工作上的质和量，就能10倍成长，当你能做好10件工作，而别人只能做好一件时，你名片上的职称和身价，也会以10倍速度升级调涨。

第八种竞争力

把你的情绪当武器

33.可以慈悲，但不要感情用事

我有一个当主管的朋友，由于公司被合并，上层指示要进行人员“瘦身计划”，因此他被要求，必须从他的部门里交出一个裁员名单。

他摊开人员绩效表审视，发现从绩效记录来看，最后一名是一位年近50岁的老部属。

但是我朋友担心，老部属已经这把年纪，如果这样被裁了，出去恐怕不好再找工作，加上他有两个还在念高中的小孩，家庭负担颇重，我朋友实在于心不忍。

于是他又再琢磨，如果拿倒数第二名的年轻部属开刀，他去外面还有很多机会，不过，只因顾虑老部属的处境而这样做的话，对年轻部属并不公平，自己也会感到自责。

我朋友左思右想拿不定主意，便来找我“告解”，并想问问我的意见。

我跟我朋友说，你可以有慈悲，可以不害人，但是你想凭感情做事的话，不但哪一边都不讨好，还会显得你能力不足。

尤其当你坐在某个位子上，为了要完成工作目标，为公司赢得利益，面临该裁掉员工、做出惩处，或是让属下扛过错等，该公事公办的时候，只能把感情收起来。能做到这点，你才能真正上战场与敌人一较高下。

这项竞争力很重要，只可惜不是每个人都能说到做到。我看过很多人，总是要自己经历过，吃过亏，才会懂。

我以前有个在第三方工作的朋友，某次他发现，有位同事经常虚报车资和交际费，而且工作质量也有问题。

然而，那位同事平时跟我朋友交情很好，我朋友不好意思举报他，一来怕会得罪好朋友，二来更怕同事被开除的话，会害同事家庭失和，所以我朋友选择沉默旁观。

后来，工厂老板发现了这个同事私下搞鬼的事，还查到我朋友知情不报，怀疑他也是共谋，竟连他也一起调查。

我朋友大叹倒霉，直说被好朋友害惨了。原本他担心自己是加害者，最后搞到成为被害者。我跟他说，害惨他的不是朋友，是他的妇人之仁。

在职场上，不只是主管阶层要避免感情用事，同事之间，也不应该用感情做事。

如果你在职场上混得够久，就能看透，那些可以升到主管、领导者的人，都是能做到不感情用事的最高层次。

我听过商场上有位大老板，在公司出现危机，要对社会大众说明与道歉时，他把主管推到第一线，接受媒体的挞伐。

而在主管挨骂的同时，他在公司内部一边拟定补救措施，一边观察大众的反应，再做周全的调整，等到方案敲定了，这位大老板才正式出面。

当时，不知情的人都很同情那位主管，认为是大老板推他扛过错，自己却躲在后面。

事实上，这位大老板认为，如果战争一开打，主帅就打头阵，万一主帅挂了，大家就会溃不成军没有退路。因此，即使他不忍心让爱将当炮灰，也只能这么做。

另外，也有媒体曾经披露，某个企业的董事会在讨论总裁接班人选时，他们审视了集团里每位总经理，结果，平常做人敦厚又重感情的那几位，都在第一轮被刷下来了。

这个社会就是这么现实，慈悲为怀、不懂权衡轻重的好人，留在山上修行可以当大师，但是在职场里，有时候则会被嫌弃能力不足。

34. 不要爱上你的投资

日前，某位企业大佬接受媒体专访，记者问他对于事业投资布局的看法时，他说："不要爱上你的投资。"

此话一出，立刻成为各大媒体版面的新闻标题，因为大家都知道，这位企业大佬所投资的产业与事业体枝繁叶茂，而且他所掌管的集团，去年又赚了数百亿新台币，所以这句话由他口中说出来，带给一般人很大的冲击。

我认为，这句充满智慧的话，关键并不在于"投资"，而在于"爱"这个字。

因为被爱这种情感牵制，很多人在做各种投资时，明明客观环境已经无利可图，往往还不肯面对现实。

有个在银行工作的朋友跟我说，她有个大学同学因为太爱钱，一听到专家说投资股票可以当印钞机，就拿出一部分薪水去买股票，可是他没有正确的投资观念，一心只想到获利面，贪恋这种抱钱睡觉的期望。

有一次，他进场判断错误，买进一只股票后便开始跌停，原本我朋友建议他，要设定15%的停损点，如果跌幅超过15%时，无论再怎么舍不得，亏钱也要卖掉。

谁知道，他不但没有果断卖掉，反而逢低买进，想要借此摊平成本。事实上，这家公司状况很不好，营运状况也不佳，但他并没有理性地去分析市场，只是单纯地抱着那个贪恋，想再熬回来。

果然，之后的股价还是往下跌，他不只无法摊平成本，持续地逢低买进，根本是抱着炸弹跳楼的自杀行为。最后，这只股票面临下市的下场，而他的钱也都化为乌有了。

另外，还有人会被“不甘心”的情绪影响，而盲目爱上自己的投资，该砍断腿时不砍，搞到最后断手断脚。

我朋友说他有一个同事，因为向往创业当老板，所以在他存到一笔资金后便离开公司，开了一家结合自己兴趣的咖啡店。

他投入很多心血，把店装潢得很漂亮，餐具和餐点都有他独特的巧思设计，因此刚开业时，吸引了很多媒体采访报道，他每个月进账的金额是以前薪水的两三倍，让以前的同事们听了都很羡慕。

这时，有朋友抱着钱想来入股，于是他也抵押房子去贷款，再加码投资第二家分店。没想到，分店才开张5个月，就有另一家对手的新店，开始引发话题热潮。

客人对他的店失去新鲜感，此后就见不到排队人潮，业绩便开始下滑，直到两年后还是没有回本。

朋友建议他，不如结束营业，把店顶让出去，卖掉设备至少还可以回收一些成本，否则再亏损下去，受伤会更重。

然而，因为他投入太多感情在这家店，明明知道市场环境已经改变，他也找不到解套的方法，却仍然怀抱着爱咬牙苦撑。

他爱到最后，连厂商货款和员工薪水都付不出来时，他才后悔自己没能早点学会割舍，无法在对的时机止血退场。

其实，不只是投资股票或投资开店的人要懂得“不要爱上你的投资”这个道理，一般上班族，特别是项目经理人，也应该要有这种能力。

曾经有一位科技公司的项目经理人，在几年前公司面临严重亏损时，他负责的ＰＤＡ事业单位被“钉”得很惨，公司高层要求他在期限内提出改善计划。

虽然他不甘心已经投下的多年心血，很想再上诉保住原项目，不过，最后他还是决定忍痛砍掉一些人，转而开发其他新项目。接下来不到两年时间，他的部门就由亏损上千万变成了赚钱的部门。

正因为他果断设下停损点，能在市场真正告衰之前先止血，才救回部门的绩效，也让自己顺利升迁。

职场上，能控制情感与情绪就是一种竞争武器。如果身为经理人，可以拥有这种竞争力，未来你就能具备年获利数百亿的领导人格局，在工薪阶层中脱颖而出。

35. 别让人家知道你喜欢吃鱼

我有个亲戚，日前被调派去南京管理分公司，他告诉我，某一天有个厂商的业务员来做例行性拜访，没想到才隔了一天，这个业务员就送来一台新手机，而且正是我亲戚打算购买的那一款。

由于当时我亲戚正有意要买手机，因此收集了一些资料，看完就随手放在办公桌上，那位业务员眼尖看到了型号，于是送来同款手机讨好他。

我亲戚虽惊讶对方的动作如此精准，还是喜形于色地收下了礼物，接下来在挑选合作厂商时，也就优先采用了对方。

后来这家厂商却频频出包，但碍于合约关系，即使受气，他也只能承受。经过这次教训，我亲戚便提醒自己，往后言谈举止要更谨慎低调，免得惹来一身腥。

这件事让我想到了一个《鲁相嗜鱼》的故事：话说在战国时期，鲁国有位宰相很喜欢吃鱼，于是，很多人就送鱼给他，但是这位宰相不肯接受，将这些送来的鱼都退了回去。

他的弟子问他：“您喜欢吃鱼，但为什么不肯接受别人送的鱼呢？”

宰相告诉他：“就是因为我喜欢吃鱼，才不能收别人送的鱼。如果我因为收了人家的鱼，而被免去宰相职位，到那时候，我买不起鱼，也不会有人送鱼给我，我便再也吃不到鱼了。”

2000多年前，鲁国宰相就告诉你：“爱吃鱼，就自己买吧！”为了一辈子都能享受鱼的美味，宰相坚持只吃自己买的鱼，也因为他懂得这个利害关系，才能官拜宰相，一辈子都买得起鱼。

在职场上，“不吃别人送的鱼”是一种自我保护力，而更高段位者，懂得“不让人家知道你喜欢吃鱼”，则是一种重要的竞争力。

不论是竞争对手，或是想从你身上得到好处的人，对方如果想要攻击你，无非有两种方式：一种是攻你最怕的，另一种是攻你最爱的。

举凡商界或政界，这些手段都是搞定一个人的致命潜规则，老板没有教，但你务必要懂，以防别人用这些手段来搞定你。

我曾听过一个案例，某位电子公司的采购人员爱表成痴，经常高调地谈论他的收藏，每天也会看心情戴不同的手表。

很多厂商都知道他的喜好，有事想拜托他时，就会送上名贵手表。而这位采购不但没有拒绝，竟然还为了方便私下收礼，在他办公室的沙发垫下挖洞，知情的人就会默默把名表放到里面，夸张的行径令人瞠目结舌。

某一天，公司举办年度大会，这位采购得到一笔高额奖金并接受表扬，大家都说他运气很旺，事业运如日中天，未来一定更发。

然而，谁也料不到，两天后他竟然被踢爆收受贿赂，图利厂商。老板不但立刻将他革职，还叫人锁住他的计算机，并下令要他马上离开办公室，永远不得再进入。

两天之内，境遇转变如此之大，让同事们都相当惊讶。后来大家才知道，因为他收了太多人的好处，又摆不平那些人，引起了某些厂商的不满，才揭发了他的恶行。

其实，一个人当然可以有嗜好，只不过在职场上，绝对不要轻易地把喜好显露出来。

否则，当有心人投你所好，让你在吃人嘴软、拿人手短的情况下，不得不受制于人，一旦做事要看人脸色，你就再也无法发挥该有的能力了。

到时候，不只你的前途发展会被人所左右，更严重者，连饭碗都不保，就像那位采购人员的下场一样惨。

我听过某个业界人士传闻，有个企业的总经理秘书超级“难搞”，其实并非她的个性很难相处，而是因为别人摸不出她的情绪喜好。

想从她那里接近总经理的人，自然就无法对她下手，有心人总是很难从她那里打听到事情，或得到任何好处。

这位总经理知道她有这项优势，便大力重用她，两年内就把她升到主任秘书，坐上秘书室的第一把交椅。

所以，如果能具备“不让人家知道你喜欢吃鱼”的竞争力，你在职场做人做事便能不被别人左右。

当对手喜形于色地被人搞定时，你就能超越对手，更提升自己的存在价值，让老板愿意提拔你，到那时候，不论你喜好的是珠宝还是古董，一辈子你都能买得起。

36. 把你讨厌的人，当客户看

我以前的公司有个年轻同事马克，负能量很强，有时候，主管稍微挑剔他的工作缺失，他就会一直把“讨厌主管”挂在嘴边。

当时，跟他同组的某位同事说话比较嚣张，爱吹嘘自己，马克也会控制不了厌恶之情，甚至跟主管反映，他不想跟讨厌的人一起工作。

有一回，我跟马克在讨论工作时，觉得老板的指示颇有道理，于是表达了我的看法，但马克竟然很不理智地说：“我才不管她说得有没有道理，反正我就是讨厌她。”

我只能诚实地劝告马克，虽然老板的“讨厌”碍到了他，但他自己的情绪，却只会阻碍到工作，最后倒霉的是自己。

孔老夫子曾说：“君子不以言举人，不以人废言。”如果讨厌一个人就不听他的建言，不但会阻碍你的工作，也会让自己错失良机。

有个年轻朋友跟我说，要做到控制讨厌的情绪实在很困难，我非常同意。因为我也曾经陷入厌恶的情绪泥沼里爬不出来，缴了很多“学费”，才让自己学会管理它。

事实上，这种能力是可以训练的，我的训练心法就是，把你讨厌的人，当客户看。一旦你修炼成功，你的竞争力就能再往上爬一层。

在职场上，客户就是能为你带来利益的人，只有客户让公司获利时，你才能得到金钱、地位和成就感；相反地，如果没有客户，你就得不到你要的。

同样地，你讨厌的主管，是能给你机会、决定你加薪升职的人，至于你讨厌的同事，可以做你不会做或不想做的工作，有些任务还要靠他帮忙才能完成。

再说，你的部属如果有贡献度，身为主管的你，也应该控制讨厌部属的情绪，否则，你的团队竞争力就会下降。

所以，把你讨厌的人当客户看，其实是为了你自己的大局着想，当你想通了这点，你就不会让情绪碍事。

我以前在广告公司工作时，有个很折磨人的大客户，时常改变想法，又无法定下决策。我们团队曾经提案过30多个广告脚本，他都不满意。

有一次提案，这位客户硬是要求我们照他的意思去做，谁晓得，勉强照他的意思做了，他又说这么普通他不要。团队所有人都被他折磨到痛苦不已，差点儿要妻离子散了。

这段时间，这位客户不只在工作上让大家备感辛苦，有时候他承受了上级的压力，还会转嫁情绪来羞辱其他人。

直到截止日期渐渐逼近，大家已经做到穷途末路，于是把第一次提案的内容，也是我们认为最好的方案，再度提报给他。

没想到，客户竟然很满意，还说怎么不早点提出来（他根本忘记了，这是被自己“杀”掉的旧方案）。大家明明心里气得咬牙切齿，还是要微笑地对他说“谢谢”，因为他给的预算非常高，高到可以让全公司员工的年终奖金加码一个月。每当大家被搞得快做不下去时，想到客户的预算，才能收起讨厌的情绪，继续撑下去。

只不过，有几位同事因为受不了这位客户而相继离职，他们辛苦了几个月，却没能撑到最后拿奖金，实在是亏大了。

我想，他们当时已经没有把客户当客户看，只把他当仇人，抱着满腹厌恶和报复之心在工作，才会让自己跟钱（客户）过不去。

其实在职场上，你我难免都会遇到讨厌的人，有一种讨厌是个人的主观感觉，看到对方嘴脸就是不顺眼，很想给他一拳；还有一种是众人都讨厌，对方的所作所为已经引起公愤。

不管是哪一种讨厌的人，如果你能够把讨厌的情绪收起来，回家再发泄，当你的同事或对手做不到时，你就能比别人强。

否则，当别人可以卖掉100台车领奖金，你才卖了50台，被老板“钉”得很惨时，你却还在忙着讨厌客户，忙着讨厌薪水和奖金，跟自己的利益过不去，又有什么资格喊累哭穷？

第九种竞争力

洞察自己的恐惧

37.恐惧是最好的董事会

犹太人说："当有九个人的意见都一致时，第十个人就有义务要去反对它。"倘若10个人中没有人反对，才会令人觉得毛毛的。

这就是以色列历史中所提及的第十个人法则，在社会心理学上，这是一种避免团体迷思的"必要之惧"。

借着犹太人的智慧法则我想说的是，有时候，恐惧是件好事，它能防止你自信过头，而引火自焚。

曾经就有一位"不怕死"的记者，对某家成功企业进行报道，在收集资料的过程中，他掌握了这家公司某些台面下的暗盘交易。

于是，这名记者大胆地向这家公司勒索巨款，但他万万没想到，这家公司没有按照他的剧本走。

等到钱汇进了他的账户后，这家公司立即通报给报社，并交由司法机关处理。结果，这名记者被反将一军，不但钱没拿到，还丢了饭碗。

正因为他不懂得用恐惧来帮自己做判断，所以放手一搏就走偏了，最后落得被判恐吓勒索罪入监服刑的下场。

如果他事前知道要害怕，就会多想几步，很容易便能明白，企业多是背景资源雄厚、家大业大的，这些台面下的小事交诸司法机关，根本动摇不了它的基础。

不懂得利用恐惧来帮自己做决策，不只是这些想偷鸡摸狗的人，在职场上的年轻人也很多，尤其是刚升为小主管，志得意满、得意忘形时，最容易犯这种错。

我有个朋友在电子商务公司当主管，他说之前刚把一位表现不错的部属，升上来当副总监。

可是，这位被同事称为“百胜将军”的副总监，正是这种屡战屡胜而不知恐惧的年轻人。

做决策时总是太冲，凡事“做了再说”，也听不进旁人的意见，以为自己很强，能够以一当百，所以在推任何案子的时候，常常一意孤行。

有一次在执行项目时，同事提醒他，应该要多找一家厂商当作候补备案。但他却自信满满地表示，已经跟厂商签约了，不怕他敢违约。

结果时间一到，这家厂商果然交不了货，最后还是违约了。这位副总监要面对道歉不完的客户投诉处理，还要请上面的主管来帮他“擦屁股”。

这回，他踢到了铁板才算知道，自己也有搞不定的时候。

在20世纪80年代，英特尔（Intel）遭遇对手低价竞争，内存事业获利大幅衰退时，总裁格鲁夫（Andrew S. Grove）开始害怕自己会被董事会撤换。

他找来也是创办人之一的摩尔（Gordon Moore），问他说：“如果我们被董事会开除，你想新来的总裁会怎么接手？”

摩尔告诉他：“应该会放弃内存事业吧。”于是格鲁夫回答：“那为什么我们不自己动手？”

由于这个恐惧，让英特尔从此转战处理器市场，也成就了英特尔日后在处理器的领导品牌地位。

在商场上，你必须时时刻刻提高警惕，戒慎恐惧准备迎接出乎意料的事情，这是格鲁夫的经营哲学，也是闯荡职场的你，应该要学会的道理。

这让我想到，美国畅销书作家凯伦·汤普森·华克（Karen Thompson Walker）在一场智库演讲中，谈到关于恐惧的一段话："某些人天生就能阅读恐惧，当面临恐惧时，他们不将它忽略，而是深入研究。就某些创业家来说，他们把恐惧转变为计划和行动，若是这些恐惧在未来成真了，而他们也早已做好准备。"

恐惧就像你的"董事会"一样，监督着你的每项决策，能为你评估风险、利益与可行性。

如果在做任何决策时，你能懂得先交由恐惧这个"董事会"把关，未来你在职场上就能避免犯错。

同时，当你在执行项目时，就可以比同事更有能力看出风险盲点，为公司拦截金钱损失，或创造更多收益，你在老板的眼中，就会是个能够委以重任的潜力大将。

38.别让恐惧扭曲你的决策

有个鞋业老板，26岁就继承了父亲的制鞋事业，不过，父亲留给他的不是家产积蓄，而是千万元的负债。

这一大笔负债来自一场无情的大火，不但烧掉了工厂，父亲也因受不了打击而中风，整个家庭陷入愁云惨雾里。

几年后，他终于还清了父亲的债务，自己重新创业，但恐惧负债的阴影始终跟随着他，他生怕一个意外又再回到穷苦的日子。

因此，他的经营决策总是比常人要保守，即使公司已经接到几个国际品牌的大订单，业绩增长了好几倍，他仍然不敢扩建厂房。

这个决策导致公司一度亏损，甚至还曾经由于生产线不足，竟然让鞋子坐飞机才赶上交货，赚的钱几乎都拿去付运费了。

后来他花了很多年的时间，才慢慢回补获利，对当时的他而言，明明有一手好牌，却被过多的恐惧坏事，让成功绕了远路。

很多人在面对决策时，常常把恐惧当成谨慎，把优柔寡断当成降低风险，很容易就会导致失败。

像诺基亚，原来是世界首屈一指的手机王国，但它的决策者因忽视智能手机的重要性，不敢大刀阔斧跟进，终究面临被对手超越的命运。

事实上，会让恐惧扭曲决策的人，不只是企业家或公司领导者，职场上的年轻上班族也一样。

有些人的恐惧，是来自过去经验而留下的创伤阴影；有些人则是由于格局不够大，过度想象恐惧而造成的心理障碍。

即使他的条件与各方面布局都很好，却因为恐惧，该出手时不敢出手，错过了好机会，损失就是零与几百万甚至几千万的天差地别。

我以前的公司有个同事，在企划部做了四年时间，已经挂“资深企划”的职称两年了。

到了该年的年度考核时，公司刚好走掉一个经理，老板认为这个同事表现不错，便想升他当企划部经理，来填补这个缺。

可是，这位同事很怕要扛更多责任的压力，又怕成为主管之后，不会带人，怕东怕西的，最后他婉拒了老板的好意。

同事们都觉得他放弃很可惜，因为当时没有同级的同事与他竞争，老板一定会全力协助他，他根本无须过度担心，但他竟宁愿领较低的薪水，做他熟悉且轻松的工作。

转眼间，他在公司又待了三年，老板觉得他已经非常资深了，应该升为主管，为公司做更多贡献，但对于要当主管扛业绩，他还是无法克服恐惧，再次拒绝升迁。

从此以后，他就成了万年资深专员，眼看着以前的菜鸟纷纷升为主管，年薪也多他两三倍，而他再也没有那样的好机会，等到公司要裁员时，他就成为首选之人。

这都是因为他的格局不够大，才会让恐惧扭曲了决策，也扭曲了自己的前途。

对所有上班族来说，无论决策的等级高或低，每个决策本来就有一定的风险要承担。而好的决策者，能具备格局与胆识，不会因为过分恐惧而瞻前顾后，才有机会超越别人。

曾经有个21岁的年轻厨师，一句法文都不会，带着10多万的积蓄，只身到法国餐厅工作，第一年一毛收入都没有。

在全部都是法国人的厨房里，只有他是黄种人，有时候，主厨已经把他骂到脸红脖子粗，他还是听不懂，大家都用异样的眼光看他有什么能耐。

每天他必须工作18小时，因为这里多的是比他杰出的精英，他要从削马铃薯的基本工开始，却连洗菜都输给别人。

这些令人望而生畏的事情，在他出发之前，已经有前辈警告过他，但他却说："这样更好，我不怕挑战。"

因为他做了一个决定，要向米其林三星的法国餐厅名厨拜师学习。后来，他果然成为中国台湾首位米其林主厨，还被《时代杂志》誉为“印度洋上最伟大的厨师”。

不论是企业经营或职场工作，看好布局就要放胆向前，才不会让恐惧扭曲决策。当你从5万元的决策，到5亿元的决策，都能不被无谓的恐惧影响时，你就能放手往上爬，而你所拥有的格局竞争力，就不怕被人取代。

39. 让恐惧转化成你的竞争力

记得我以前的公司，有一个年轻部属非常有才华，他所提出的企划都很有独特创意。

在他进公司一年后，老板认为他工作上已经可以独当一面，便指派他负责对客户提案报告。

但那次开会的时候，他因为太恐惧上台，所以一站到会议室讲台说话时，竟然忍不住全身发抖，说话也吞吞吐吐，没有办法好好表达。

其实，这次的会议场面很小，与会的客户只有三个人。对方的经理还很亲切地鼓励他说：“你的东西很好，不要紧张，慢慢讲没关系。”

不过到最后，他还是只能草草完成报告，他挫败地回到公司，隔天竟主动向老板表示，自己无法胜任这个工作，想要辞职。

老板和主管都认为，他的挫败感只是来自对上台讲话的恐惧，如果因为这样就离开，未免太可惜了，埋没了他的才华，尽管老板挽留，还是没能说服他留下。

大家眼见业界一颗明日之星，还没发光就自己决定黯然退场，就像发明家爱迪生说的："人们不知道自己放弃时，离成功有多近。"

当时，如果他愿意克服心中最弱的那个点，其实过了这一关，就海阔天空了。结果他选择放弃逃走，让自己的才华和能力无处发挥，薪水收入也归零。

我想，就算他下一个工作不需要上台讲话，将来也一样会面临其他恐惧，很可能他又因为不想面对恐惧而逃走。

事实上，职场里也有很多人跟这位年轻部属一样，在被别人吓到之前，就先被自己吓死，让恐惧吞掉自己的格局。

不过，有竞争力的人，却能懂得运用恐惧，借力使力，专攻自己最弱的地方，打断腿骨反而更勇猛。

曾经有一位保险经纪人，之前是在家相夫教子的中年家庭主妇，离开职场20年，没有任何人脉的她，只能从陌生人群中开发客户。

她刚开始做保险时，连开口打招呼都不敢，因为她很害怕跟陌生人介绍自己，更害怕被拒绝，同事们都觉得她大概做不久。

但是，她逼自己从地铁上的乘客开始练习，训练自己克服恐惧。

她每天递100张名片，可能会被拒绝99次，不过这位妈妈不服输，她常常眼泪擦一擦，重新擦上口红之后又再上场。

被拒绝多了之后，她渐渐可以从中得到一些销售心得，并累积自己的说话技巧，到最后，她不但能克服恐惧，甚至连等红灯的一分钟里，也能认识到未来的客户。

后来，她果真成为千万保险经纪人，而且业绩的80%都来自地铁上或等红灯时靠着自我介绍而吸引的人。

我也听过一位销售业务员说，他第一次要去拜访重量级大客户时，心中的惧怕简直像是要他上断头台。

他说即使自己做好充分的准备，还是会莫名地害怕，担心对方是董事长，气势会压过他，又担心自己被问倒，各种害怕在他心中盘旋。

后来，他把恐惧想象成过关游戏的金砖。

“如果我不拿，后面还有很多人追上来抢”，他说凭着这股信念，恐惧似乎变成他身上的肾上腺素，更激发他的斗志。

就像电影《少年派的奇幻漂流》里，少年和那只孟加拉虎共乘一艘孤船在海上漂流，他们俩从互不相干的人类和野兽，突然变成竞争对手。

凶猛老虎是少年最大的恐惧，可是，为了争夺仅存的水和食物，面对生死存亡的竞争，少年若不能把恐惧转化成足以杀敌的利器，就没有机会活下去。

在职场上也一样，每天你都必须面对难搞的客户、难配合的厂商、难取悦的上司和难管理的部属，这些对手就像是成千上百的孟加拉虎，他们随时虎视眈眈想咬住你的要害，啃光你的肉，把你逼到跳海自杀。

但是只要你记住，不管对方是目露凶光的饿虎，还是戴着绵羊面具的恶虎，你都要懂得先化解自己心中的恐惧，才能找到驯服这些猛兽的利器，这就是超越薪水的竞争力。

当你的同事因为害怕畏缩而被迫离职时，你已经可以抢先达成业绩目标，化解客户或上司给的难题任务，在职场的竞争食物链中，又向上提升了一级。

钱串
CRASSULA